NHK
趣味の園芸

12か月
栽培ナビ

④

クレマチス

金子明人
Kaneko Akihito

写真：'天使の首飾り'（撮影：牧 稔人）

12か月
栽培ナビ
Clematis

'ベル・オブ・ウォキング'

目次
Contents

　　　本書の使い方 …………………………………………… 4

クレマチスのプロフィール　　5

　　クレマチスの魅力……………………………………6
　　クレマチスの歴史……………………………………8
　　クレマチスの性質と形態 ………………………… 10
　　開花習性と剪定の基本 …………………………… 14
　　クレマチスの年間の作業・管理暦 ……………… 18

育ててみたいクレマチス 60 選　　23

　　クレマチス系統別 開花期カレンダー …………… 24
　　切るクレマチス 40 ………………………………… 26
　　切らないクレマチス 20 …………………………… 36

12か月栽培ナビ　　　　　　　　　　41

1月	冬の剪定／寒肥／防寒対策 …………………42
2月	冬の剪定と誘引／休眠期の植えつけ………46
3月	苗の種類と選び方 ……………………………50
4月	花がら摘み／開花後の植えつけ、植え替え／
	開花までの誘引／ブロッキング ……………52
5月	開花後の剪定・1回目／さし木 ……………56
6月	誘引／つる伏せ ………………………………64
7月	さし木した株の鉢上げ ………………………70
8月	開花後の剪定・2回目／タネまき …………72
9月	………………………………………………74
10月	………………………………………………76
11月	株分け …………………………………………78
12月	………………………………………………80

クレマチスをさらに詳しく　　　　　　83

フォステリー系 ……………………………………84
クレマチス・アンスンエンシス …………………86
シルホサ系 …………………………………………88
クレマチスの病害虫防除 …………………………90
クレマチスの栽培Q&A ……………………………93

Column　金子さんのクレマチス・ストーリー

Ⅰ	「鉄線」とは、いったい何なのか？ ……………22
Ⅱ	バラとのコラボレーション ………………………62
Ⅲ	残したい、日本のクレマチス「カザグルマ」……69
Ⅳ	早春咲きのアーマンディーの生育がスタート …74
Ⅴ	クレマチス栽培は、秋スタートの新提案 ………77
Ⅵ	冬のガーデンクレマチス …………………………81
Ⅶ	注目したい日本のクレマチス ……………………82

本書の使い方

ナビちゃん
毎月の栽培方法を紹介してくれる「12か月栽培ナビシリーズ」のナビゲーター。どんな植物でもうまく紹介できるか、じつは少し緊張気味。

本書はクレマチスの作業や管理を、1月から12月に分けて詳しく解説しています。剪定などの作業は、新しく伸びたつるに花が咲く「切るクレマチス」と、前年に伸びたつるから花が咲く「切らないクレマチス」に分けて説明しています。

＊「**クレマチスのプロフィール**」
（6～21ページ）では、クレマチスの魅力や歴史、栽培環境、開花習性と剪定の基本などを解説しています。

＊「**育ててみたいクレマチス60選**」
（23～40ページ）では、系統ごとの開花期カレンダー、「切るクレマチス」のおすすめ40種、「切らないクレマチス」のおすすめ20種を紹介しています。

＊「**12か月栽培ナビ**」（41～82ページ）では、月ごとの主な作業と管理を、初心者でも必ず行ってほしい 基本 と、中・上級者で余裕があれば挑戦したい トライ の2段階に分けて解説しています。主な作業の手順は、適期の月に掲載しています。

＊「**クレマチスをさらに詳しく**」
（83～95ページ）では、例外的な生育サイクルをもつクレマチスの栽培方法や病害虫の防除方法を詳しく解説しています。

今月の作業をリストアップ ◀

基本
初心者でも必ず行ってほしい作業

トライ
中・上級者で余裕があれば挑戦したい作業

切る
切るクレマチス

切らない
切らないクレマチス

▶ 今月の管理の要点をリストアップ

● 本書は関東地方以西を基準にして説明しています。地域や気候により、生育状態や開花期、作業適期などは異なります。また、水やりや肥料の分量などはあくまで目安です。植物の状態を見て加減してください。
● 種苗法により、種苗登録された品種については譲渡・販売目的での無断増殖は禁止されています。さし木やつる伏せなどの栄養繁殖を行う場合は事前によく確認しましょう。

クレマチスの
プロフィール

育てる前に知っておきたい
クレマチス栽培の基本や
開花習性と剪定方法を
解説します。

スプーネリ（原種）
開花期：4月〜5月中旬。旧枝咲き。生育旺盛で花つきがよく、株全体が花に覆われ、爽やかで美しい。

クレマチスの魅力

クレマチスは庭の優等生

　代表的な花色である紫色の濃淡を筆頭に、青紫色、藤色、青、空色、白、ピンク、赤、ワインレッド、サーモンピンク、黄色など、豊かな色彩があるクレマチスは、庭に欠かせないガーデン植物です。特にバラには少ないブルー系の花色が多いことから、バラの恰好のお相手として用いられ、イングリッシュガーデンブームとともに広く知られるようになりました。

　また、花形は、一般的な平咲きを基本に、ベル形、壺形、チューリップ形などがあり、バラエティに富んでいます。

　そして、何よりもしなやかなつる性という草姿を生かし、トレリスやオベリスク、フェンスなどの支持物に誘引したり、樹木に寄り添わせたりと、目的に応じて多彩な仕立て方を楽しむことができます。

　バラに限らず、さまざまな花木や草花ともよくなじむといった使い勝手のよさ、つまり庭での懐の深さがクレマチスの大きな魅力ともいえるでしょう。

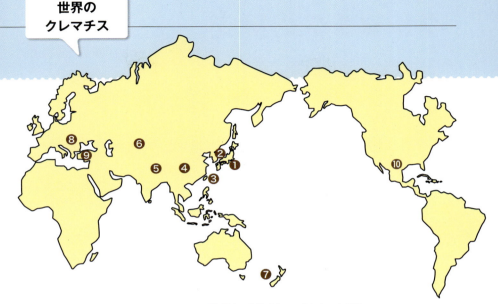

世界のクレマチス

❶ 日本：クサボタン、ハンショウヅル
❷ 日本、朝鮮半島：カザグルマ
❸ 日本、中国、台湾：タカネハンショウヅル、センニンソウ
❹ 中国：アンスンエンシス、モンタナ、テッセン、ラヌギノサ
❺ 中国南西部〜ヒマラヤ：ナパウレンシス
❻ 中国南西部〜チベット〜カザフスタン北部：タングチカ
❼ ニュージーランド：ペトレイ、フォステリー
❽ ヨーロッパ：ヴィタルバ、ヴィチセラ、インテグリフォリア
❾ 地中海沿岸、小アジア：シルホサ
❿ アメリカ・テキサス州：テキセンシス

＊本書で紹介しているものを中心に構成しています。

クレマチスは身近な存在

　クレマチスは植物学上、キンポウゲ科（Ranunculaceae）に含まれ、クリスマスローズ、雪割草、ラナンキュラス、フクジュソウ、デルフィニウムなどと同じ科の植物です。そして、センニンソウ（クレマチス）属の植物は、世界中に約300種があるといわれています。なかでもユーラシア大陸を中心とした北半球にその多くが集中して分布して、日本にもカザグルマ（C. patens）をはじめ、ハンショウヅル（C. japonica）やクサボタン（C. stans）など約20種が自生しており、非常に身近な植物といえます。

クレマチスの歴史

日本のクレマチスが海外へ

　日本では古くは、クレマチス全般のことを「テッセン」、もしくは「カザグルマ」と呼ぶことがありました。テッセンは日本に野生種の自生は見つかっていませんが、安土桃山時代に中国から渡来したという説があります。カザグルマは日本各地に多様なタイプが自生し、いずれも古くから日本で栽培されていたクレマチスです。

　さて、ドイツ人医師で博物学者のシーボルトによって、1836 年、カザグルマなどは、日本からヨーロッパへ持ち込まれることになります。それまでのヨーロッパでは、ヴィタルバ、ヴィチセラ、インテグリフォリアなど、小輪のクレマチスしか知られておらず、カザグルマのように平咲きで大輪の種類を目にした当時の人々は、さぞ驚いたことでしょう。

　さらに、1862 年、イギリス人プラントハンターのロバート・フォーチュンは、日本で採取した八重咲きのカザグルマを本国に紹介しました。現在の八重咲き品種は、この八重咲きカザグルマに由来するといわれています。

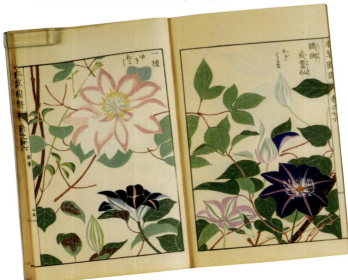

『本草図譜』（文政11年／1828年発行／岩崎灌園）の蔓草部に描かれたカザグルマ（右下）とカザグルマの八重咲きの一つ、'ユキオコシ'（左上）。雑花園文庫蔵。
このカザグルマなどは、現代のさまざまな大輪園芸品種作出のもとになったとされている。

'籠口'

'面白'

'踊場'

'アフロディーテ・エレガフミナ'

日本の育種は戦後から

シーボルトの手によってヨーロッパに渡ったクレマチスは、数々の園芸品種を生みました。それに対し日本では、カザグルマという野生種がありながら、本格的なクレマチスの育種は行われていなかったのです。大正時代になってから日本へ里帰りする形で少しずつ導入され、第二次世界大戦以降、ようやく国内での本格的な育種が始まり、園芸品種がつくられるようになりました。

また、クレマチスはかつてつぎ木でふやすのが一般的でしたが、1955（昭和30）年ごろ、育種家の故小沢一薫氏が、さし木繁殖法を確立しました。これにより苗の大量生産が可能になり、クレマチスが国内に広く普及するきっかけとなりました。

しかし、世界的に見れば、クレマチスの育種を長らくリードしていたのは、やはりイギリスをおいてほかにはなかったのです。そんななか、国際クレマチス協会の総会が日本で開催され、イギリスはもとより海外の関係者が、日本で作出された品種を目にする機会に恵まれました。こうして1990年代の終わりごろから、'籠口''フェアリー・ブルー'などといった、日本の育種家の手による品種も世界に注目されるようになりました。2000年代に入ると'面白''踊場''アフロディーテ・エレガフミナ'など、日本らしい風情をもった品種が次々と海外での人気を呼ぶことになりました。

クレマチスの性質と形態

基本の性質

[生育適温] 15〜25℃で、日本では春から初夏、秋が生育期です。盛夏と冬は多くの種類が少し生育を停止しますが、寒さには比較的強く、寒冷地を除き、特別な防寒などは不要です。ただし、切らないクレマチス（16ページ）は、すでに伸びているつるを傷めると春の花が咲かないことがあるので、極端な寒風などには当てないように注意しましょう。モンタナやマクロペタラなど高山性の種類はやや暑さに弱いので、夏はできるだけ風通しがよく、半日陰になる場所で栽培するのが理想的です。

[日当たり] クレマチスは日照を好むので、1日に最低でも4〜5時間日が当たる場所で栽培しましょう。日照不足になると葉色が悪くなったり、十分な花色が出てきません。自生地でのクレマチスを見ると、草むらややぶの中から生え、株元には日が当たっていないことが多くあります。このことから、株元には日が当たらなくてもかまわないことがわかります。

[風通し] クレマチスの栽培では、風通しのよさも大切です。常に微風が感じられる場所を選んで栽培しましょう。

[土壌] 過湿を嫌うフォステリー系やアトラゲネ系など一部の種類をのぞき、ほとんどのクレマチスは鉢植えだけでなく、庭植えでたっぷり楽しむことができます。

庭植えの場合：基本的にクレマチスは、肥沃で水はけと保水力のバランスのよい土壌を好みます。水はけの悪い場所では、植え穴の底部に砂利を入れたりして、水が停滞しない工夫をしてから植えつけます。掘り上げた庭土の3割量の完熟腐葉土などの有機質と、適量のリン酸分が多い緩効性化成肥料（11ページ参照）を混合して植えつけます。

鉢植えの場合：市販の草花用培養土で植えつけます。用土をブレンドする場合は、赤玉土小〜中粒4、鹿沼土小〜中粒3、完熟腐葉土3に、規定量のリン酸分が多い緩効性化成肥料を混合します。なお、アトラゲネ系は、より通気性の高い用土が向くので、赤玉土小〜中粒4、軽石小粒3、鹿沼土中粒3の用土を使います。

一般的なクレマチス向き配合用土

完熟腐葉土 3
鹿沼土小～中粒 3
赤玉土小～中粒 4

アトラゲネ系向き配合用土

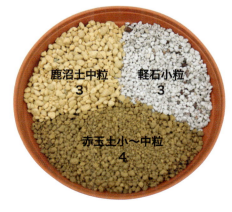

鹿沼土中粒 3
軽石小粒 3
赤玉土小～中粒 4

＊それぞれに、リン酸分が多い緩効性化成肥料（N-P-K=6-40-6、11-11-7、10-18-7など）を規定量配合する。

クレマチスの性質と形態

八重咲きの'ユキオコシ'。全開すれば、しべが見える。

万重咲きの'白万重'。しべは弁化しているので、ほぼ見えない。

一重咲きのカザグルマ。花弁数は、ほぼ偶数。

草姿と花、その構造

[花] クレマチスの魅力の一つであるカラフルで個性的な部分は、花弁のように見えますが、植物学上は萼片で、実際の花弁は退化しています。園芸的には、そして本書でも、便宜上、この萼片を花びら、あるいは花弁と呼んでいます。

一重咲き：花弁（萼片）数は、だいたい4～8枚ほど。

八重咲き：花弁（萼片）が多弁化したもの。花が全開すれば中にしべが見える。'ユキオコシ'など。

万重咲き：しべが弁化して、花弁数が多くなったので、しべがほぼ残っていない。花が全開しないものが多い。'白万重'など。

そのほか、ベル形、壺形、チューリップ形などの花形があります。

[草姿] クレマチス（*Clematis*／センニンソウ属）のこの属名は、ギリシャ語で巻きひげを意味する klematida に由来するとされ、転じてつる植物であることが、学名にも表されています。ただし、実際は巻きひげは出さず、葉柄を支持物に上手に絡ませながらつるを伸ばして成長します。つる自体を支持物に絡ませて伸びるアサガオとは、形態的にここが大きく違います。いずれにしても、栽培には、つるを支えるためのオベリスクやトレリスなどの支持物が必要です。なお、クレマチスのなかにはインテグリフォリアのように、一般的な草花と同じように直立して伸びていくものもあり、これらには簡単な支柱だけでも事足ります。

葉は、単葉の種類もありますが、多くが1～数回3出複葉（13ページのイラスト参照）というつき方です。

[根] 繊細な花やつるに比べると、クレマチスの根は太くしっかりしています。根が長く伸びるので、鉢植えで栽培するときは、8号（直径24cm）以上で、直径よりも深さがある深鉢を用いるとよいでしょう。

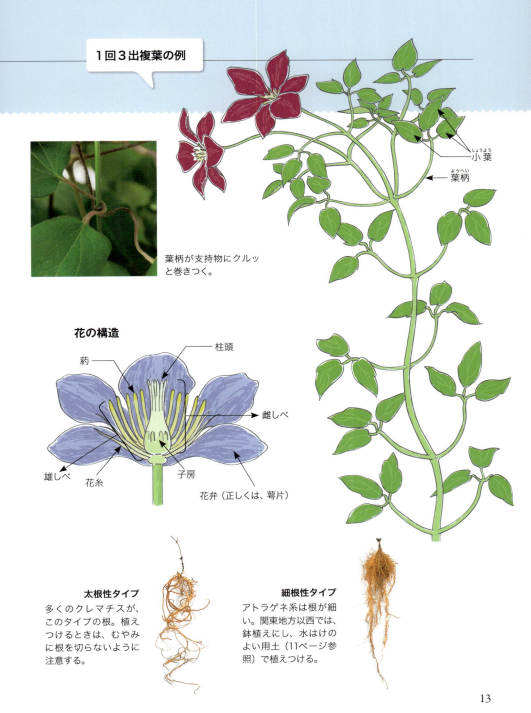

開花習性と剪定の基本

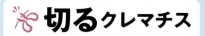
切るクレマチス　新しく伸びたつるに花が咲くタイプ

| 1〜2月 | 3月〜 | 5月〜 | 7月〜 |

前年に伸びたつる。

前年に伸びたつるの節から、新しいつるが伸び始める。

今年、新しく伸びたつるに花が咲く。花が終わるころに、つる先の3分の1を切る。

5月に切ったところから、また新しいつるが伸びる。

前年に伸びたつるがなくても、地際から新芽が出て、花が咲くつるになる「新枝咲き」もあります。

12月
前年に花を咲かせたつるは、晩秋から枯れ込む。地際すれすれまで切り戻してもよい。

翌年4月〜
地中、もしくは地際から、新しいつるが伸びてくる。花はこの新しいつるに咲く。

新しくつるが伸びれば、そこに花を咲かせます。花後に剪定すれば、そのあとにまた新しくつるが伸びて花が咲きます。この花後剪定を繰り返せば、気温がある5〜10月の間に2〜3回咲かせられる「新旧両枝咲き」について解説します。

| 9月 | 10月〜 | 12月〜 | 翌年3月〜 |

新しいつるからは、3〜4週間で花が咲く。花が終わるころに、再びつる先の3分の1を切る。

9月に切ったところから、また新しいつるが伸び、3〜4週間で花が咲く。

開花期が終わったら、そのまま休眠させる。2月ごろ、つる先の3分の1を切って花数を調整するとよい。

冬を越した芽から新しいつるが伸びる。5節ほど伸びた、5月ごろに開花する。

剪定の基本…❶　花がら摘み

花は、開花から10〜14日後を目安にカットしておきます。開花枝のつけ根と花首の中間地点で切れば、枯れ込みの心配もありません。また、最初の花が咲いてから2週間ほどで開花のピークが過ぎるので、そのころを目安に株の剪定をします。

開花習性と剪定の基本

✂ 切らないクレマチス
前年に伸びたつるから、花が咲く枝を伸ばして咲くタイプ

| 1〜2月 | 3月〜 | 4月〜 | 7月〜 |

前年に伸びたつる。

前年に伸びたつるの節から、新しいつるが伸び始める。

今年、新しく1〜2節伸びたつるに花が咲く。花が終わる5月上旬ごろに、つる先だけを切る。

5月上旬に切ったところから、また新しいつるが伸びる。

剪定の基本…❷　つるのほどき方

　支柱やフェンスなどの支持物に絡んだつるを、ほどいてから剪定します。また、誘引に使った麻ひもやビニールタイも外しましょう。

コツ❶ 1〜2日、水やりを控えて乾かし気味にしておいたほうが、つるが柔らかくなってほどきやすくなります。

コツ❷ ほどきにくい場合は、絡んだ葉柄をそっと左右に揺すり、焦らず少しずつゆるめていきましょう。

コツ❸ どうしてもほどけない場合は、絡み合った葉柄のつけ根だけを切って、外します。

前年に伸びたつるから花の咲く枝を伸ばして花を咲かせる「旧枝咲き」なので、前年に伸びたつるを大切に扱います。春咲きの種類なら、夏以降は剪定しないのが基本です。冬は芽を確認し、枯れた枝のみ整理する程度の剪定なら可能です。

8月	10月～	12月～	翌年3月～

つるは伸びるが、花は咲かない。

まだつるは伸びるが、花は咲かない。つるを傷めないように注意する。

そのまま休眠させる。つる先のとがった芽は充実していないので、その下の太った芽を残してカットしてもよい。

冬を越した芽から、新しいつるが1～2節伸びて、4月ごろに開花する。

剪定の基本…❸　つるの切り方

クレマチスのつるは、節近くで切ると、そこから枯れ込んで、節についた芽を台なしにすることがあります。つるは、節と節の間の位置でカットしておけば、失敗がありません。

切るクレマチスの年間の作業・管理暦

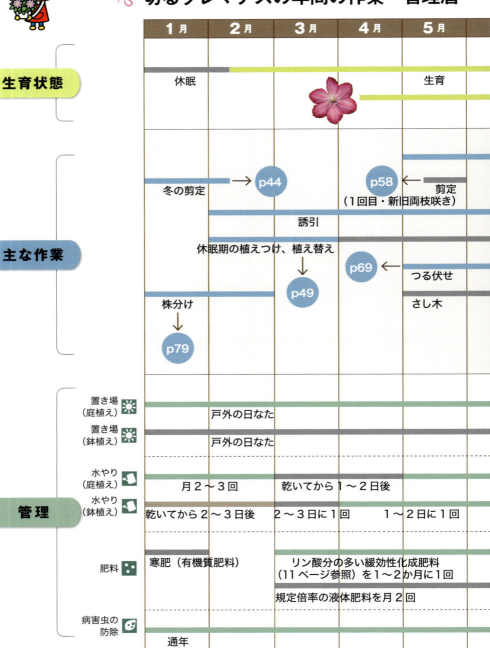

四季咲き／早咲き大輪系、遅咲き大輪系、ヴィチセラ系、
テキセンシス系、ヴィオルナ系、インテグリフォリア系など　　　関東地方以西基準

	6月	7月	8月	9月	10月	11月	12月
	開花（2〜3回）						休眠
		←------(少しずつ咲く)------→					
						花がら摘み → p55	p55
	剪定 （1回目・新枝咲き） → p59		剪定 （2回目・新旧両枝咲き、新枝咲き） → p59			→ p48	p66
	開花後の植えつけ、植え替え → p54						
		→ p61					
			さし木した株の鉢上げ		→ p71	株分け	
	p73 ←		タネまき				
	1〜2日に1回			乾いてから1〜2日後	月2〜3回		
		1日に1〜2回			1〜2日に1回		乾いてから 2〜3日後
			リン酸分の多い緩効性化成肥料を1〜2か月に1回				寒肥 （有機質肥料）

✂ 切らないクレマチスの年間の作業・管理暦

		1月	2月	3月	4月	5月
生育状態		休眠			生育	
					開花	
主な作業		冬の剪定 → p44		p55 ←	花がら摘み	剪定
				誘引		
			休眠期の植えつけ、植え替え ↓ p49	植え替え ↓ p54	開花後の植えつけ、植え替え	つる伏せ
		株分け ↓ p79				さし木
管理	置き場(庭植え)		戸外の日なた			
	置き場(鉢植え)		戸外の日なた			
	水やり(庭植え)		月2〜3回	乾いてから1〜2日後		
	水やり(鉢植え)	乾いてから2〜3日後		2〜3日に1回	1〜2日に1回	
	肥料	寒肥(有機質肥料)	リン酸分の多い緩効性化成肥料を1〜2か月に1回			
	病害虫の防除	通年				

アーマンディー系、モンタナ系、
アトラゲネ系、早咲き大輪系の一部など

関東地方以西基準

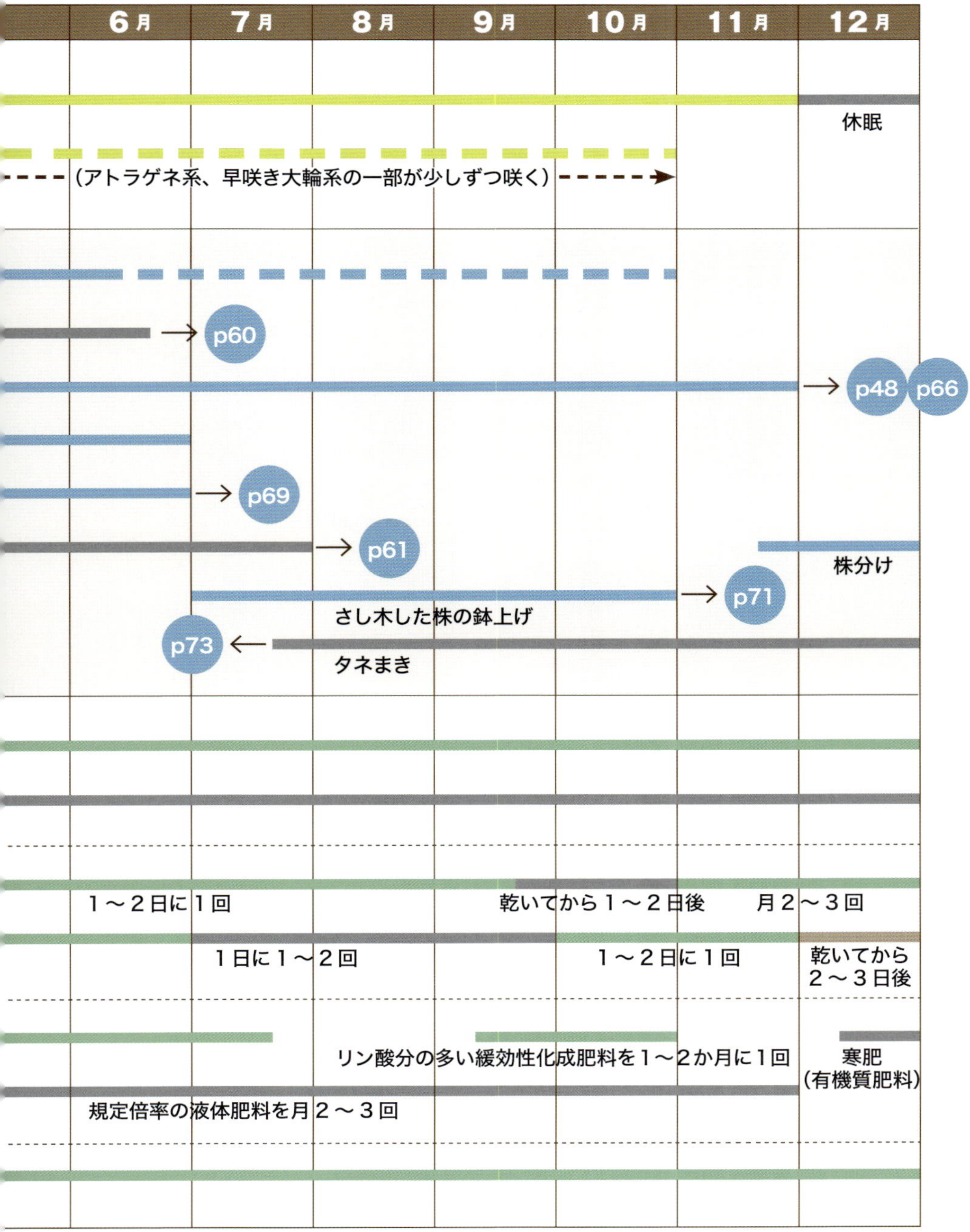

	6月	7月	8月	9月	10月	11月	12月

休眠

(アトラゲネ系、早咲き大輪系の一部が少しずつ咲く)

→ p60

→ p48　p66

→ p69

→ p61

株分け

さし木した株の鉢上げ　　→ p71

p73 ←　タネまき

1～2日に1回　　　　　乾いてから1～2日後　　月2～3回

1日に1～2回　　　　1～2日に1回　　乾いてから2～3日後

リン酸分の多い緩効性化成肥料を1～2か月に1回　　寒肥(有機質肥料)

規定倍率の液体肥料を月2～3回

金子さんの クレマチス・ストーリー Ⅰ

Column

「鉄線」とは、いったい何なのか？

「テッセン」という名前は、クレマチス・フロリダ（*Clematis florida 'sieboldii'*）にあてられている正式な和名にもかかわらず、一般的な大輪系園芸品種のクレマチスを総称的に指して、呼んでいるケースがあります。どうしてなのでしょうか。

まず冬に、細いつるだけになった多くの落葉性クレマチスの姿が、鉄の線に似ていることから、「鉄線」と呼ばれるようになったという説があります。

次に、テッセンの故郷とされる中国の書物『中国高等植物図鑑』で多くのクレマチスは、「〇〇鐵線蓮」（Tie xian lian／てっせんれん）と紹介されており、例えばクレマチス・ラヌギノサ（*C. lanuginosa*）は、葉柄や葉裏に毛が密生している様子を表した「毛葉鐵線蓮」（Mao ye tie xian lian）という名前で掲載されています。こうしたことから「鐵線蓮」が転じた「鉄線」という名前が、いつのまにか日本ではクレマチスの総称として使われるようになったと考えられています。

また、クレマチス各種が普及したのは、昭和後期から平成初期です。それまであまり知られていなかったことも、名前の混乱を招いたのかもしれません。そもそも原種のテッセンは雄しべが弁化しているので花粉が出ず、タネができないため、古い時代の育種にはほとんど用いられなかったといわれています。さらに、今日見られる大輪系の園芸品種は、日本に自生があるカザグルマ（*C. patens*）から作出されているものが多く、テッセンとは別系統に分類されます。

ここで改めて、「テッセン」はクレマチス属の総称として呼ばれることもありますが、しかし、本来はクレマチス・フロリダ'シーボルディ'のみを指していると、理解が広まることを願っています。

テッセン（*C. florida 'sieboldii'*）。中国原産で、安土桃山時代に日本へ渡来したとされる。春から秋まで繰り返し蕾をつけて咲く。

一重のテッセン（*C. florida*）。テッセンが先祖返りしたものといわれる。弁化していない雄しべは花粉を出し、タネができる。

テッセンと、その枝変わり品種とされる'白万重'が1花のなかで咲き分けたもの。このあと、これより上には'白万重'が、下にはテッセンが咲いた。

育ててみたい
クレマチス60選

古くからある定番のクレマチスから最新品種まで、「切る」「切らない」に分けてご紹介します。

'ピール'（早咲き大輪系）
新旧両枝咲きの「切るクレマチス」。株全体が花で覆われるほど、花つきがよい。

Clematis

クレマチス系統別 開花期カレンダー

系統	ページ	1月	2月	3月	4月
シルホサ系	→p88	─ ─	─ ─	─ ─	─ ─
クレマチス・アンスンエンシス	→p86	━━	━		
クレマチス・ナパウレンシス	→p42	━━			
アーマンディー	→p36			━	━━
フォステリー(ニュージーランド)系	→p84			━	━━
モンタナ系	→p52				━━
アトラゲネ系(C. マクロペタラ、C. アルピナ)	→p38				━━
カザグルマ(C. パテンス)	→p37				━━
早咲き大輪系	→p26				━━
遅咲き大輪系	→p28				
ヴィチセラ系	→p29				
テッセン、フロリダ系	→p31				
テキセンシス系、ヴィオルナ系	→p33				
インテグリフォリア系	→p34				
クレマチス・タングチカ	→p70				
クレマチス・ヴィタルバ					
クサボタン(C. スタンス)	→p72				
センニンソウ(C. テルニフロラ)、フラミュラ系	→p74				
タカネハンショウヅル(C. ラシアンドラ)	→p76				

クレマチスは系統によって開花期がさまざま。
組み合わせれば、一年中、庭にクレマチスの花が絶えません。

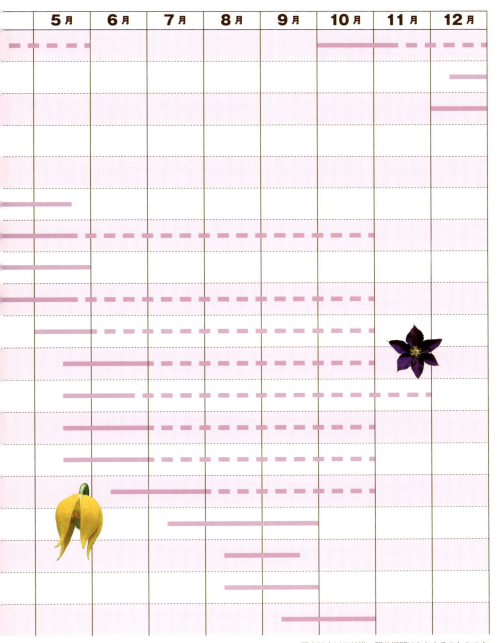

＊関東地方以西基準。開花期間はおおよそのものです。

切るクレマチス40

＊作出は、作出者名、作出年、作出国名の順で並んでいます。

{ 4 〜 10月 }

'ドクター・ラッペル'
C. 'Doctor Ruppel'

[早咲き大輪系] 開花期：4月中旬〜10月
花径：15〜20cm　つる長：2.5〜3m
作出：Ruppel、1975年、アルゼンチン

新旧両枝咲き。開花すると花弁の端が細かく波状になる。四季咲き性が強く、次々と花が咲く。丈夫で育てやすいので初心者にもおすすめ。

'H・F・ヤング'
C. 'H. F. Young'

[早咲き大輪系] 開花期：4月中旬〜10月
花径：12〜15cm　つる長：2〜2.5m
作出：Walter Pennell、1962年、イギリス

新旧両枝咲き。薄青色の花は、最初ぼかした薄赤紫の中筋が入るが、開花が進むと中央部が白っぽくなる。四季咲き性が強く、早めに剪定して二番花、三番花を楽しみたい。初心者向き。

{ 5 〜 10月 }

'レベッカ'
C. REBECCA 'Evipo 016'

[早咲き大輪系] 開花期：5〜10月
花径：15〜20cm　つる長：2〜2.5m
作出：Raymond J. Evison、2007年、イギリス

新旧両枝咲き。現在、最も赤い大輪クレマチスといえば本品種。ビロードのようなリッチな質感。比較的コンパクトにまとまるので、鉢植えにも向く。

'ワルシャワ・オルガ'
C. 'Warszawska Olga'

[早咲き大輪系] 開花期：5〜10月　花径：13〜15cm　つる長：2〜2.5m
作出：Stefan Franczak、2004年、ポーランド

新旧両枝咲き。マットな赤紫色の大輪の花は、雄しべの花糸も赤紫色に染まり、花芯が大きく見えて個性が強い。鉢植えでも旺盛によく育つ。

新枝咲きと、新旧両枝咲きのうち、樹勢が強いものは、花後に剪定すると新しいつるが伸び、3〜6週間ほどでまた花を咲かせます。花の終わりのタイミングを見計らい、上手に切って秋まで2〜4回繰り返し咲かせましょう。

切る

'アークティック・クイーン'
C. ARCTIC QUEEN 'Evitwo'

[早咲き大輪系] 開花期：5〜10月
花径：12〜15cm　つる長：2〜2.5m
作出：Raymond J. Evison、1994年、イギリス

新旧両枝咲き。花弁の重なりもよく整い、白花の八重咲き品種のなかでは、最も上品で美しいとされる。開花中でも側枝が伸び出し、二番花を咲かせるほどに生育旺盛。ゆったりと誘引したい。

'フランシスカ・マリア'
C. FRANZISKA MARIA 'Evipo 008'

[早咲き大輪系] 開花期：5〜10月　花径：14〜18cm　つる長：2〜3.5m　作出：Raymond J. Evison & M. N. Olesen、2005年、イギリス

新旧両枝咲き。鮮やかな青紫色の花は、八重咲きが基本だが、半八重のような花も咲き、花形に変化がある。咲き始めは花弁がねじれ、徐々に平開していく。多花性で花もちもよい。鉢植えでも育てやすい。

NP-H.Imai

'マジック・フォンテーン'
C. 'Magic Fountain'

[早咲き大輪系] 開花期：5〜10月　花径：15〜18cm
つる長：2〜2.5m　作出：早川 廣、1995年、日本

新旧両枝咲き。万重咲きで、中心部から花弁が展開し1か月近く楽しめる。四季咲き性で、二番花以降も八重咲きになる。'H・F・ヤング'の枝変わりなので、丈夫で育てやすい。

'バーボン'
C. BOURBON 'Evipo 18'

[早咲き大輪系] 開花期：5〜10月　花径：15〜18cm
つる長：1.5〜2m　作出：Raymond J. Evison & Poulsen Roser A/S、2002年、イギリス

新旧両枝咲き。ほかに類を見ない、赤みの強い紫色、蕾も赤く染まり、開花前から期待感が高まる。鉢植えにも向く。比較的コンパクトにまとまるので、低めのフェンスでも楽しめる。今後の注目品種。

'ガイディング・プロミス'
C. GUIDING PROMISE 'Evipo 053'

[早咲き大輪系] 開花期：5〜10月　花径：7〜8cm　つる長：1〜1.5m　作出：Raymond J. Evison、2010年、イギリス

新旧両枝咲き。明るい藤桃色の花は、濃い色の花芯がアクセント。繰り返しよく咲き、コンパクトにまとまるので、低めのフェンスに誘引し、バラとの競演を楽しんでみたい。鉢植えにも向く。

'ヴィル・ドゥ・リヨン'
C. 'Ville de Lyon'

[遅咲き大輪系] 開花期：5〜10月　花径：8〜12cm　つる長：2〜3m　作出：Francisque Morel、1990年、フランス

新旧両枝咲き。白いぼかしが入るあずき色の花を、黄色い花芯が引き締める。生育が旺盛で中輪の花を多数咲かせる。国内には大正時代に導入されたが、現代でも人気は衰えない。

'ジャックマニー'
C. 'Jackmanii'

[遅咲き大輪系] 開花期：5〜10月　花径：8〜12cm　つる長：3〜4m　作出：George Jackman & Son、1863年、イギリス

新旧両枝咲き。花弁は角ばったダイヤモンド形で、4〜6枚。丈夫で育てやすく、花つきもよく、壁面などを花で覆いつくす。古くからよく栽培され、育種においても、濃色花作出の交配親となっている。

'ヴィクトリア'
C. 'Victoria'

[遅咲き大輪系] 開花期：5〜10月　花径：8〜15cm　つる長：2〜3m　作出：T. Cripps、1870年、イギリス

新旧両枝咲き。明るい青藤色に、赤紫色の中筋が入る花は、やさしげな印象。ぐんぐんと生育し、丈夫で育てやすい。花は横向きに咲くので、アーチやフェンス、壁面を覆うように咲かせることができる。

'プリンス・チャールズ'
C. 'Prince Charles'

[遅咲き大輪系] 開花期：5〜10月
花径：6〜12cm　つる長：2〜3m
作出：Alister Keay、1976年、ニュージーランド

新旧両枝咲き。中輪で多花性の花は、咲き進むにつれて弁先が反り返り、花弁の間にすき間があく。花弁はパステルブルーに、ほんのりと薄い赤紫色の筋が入る。大型のポールやフェンスに向く。

'ホワイト・プリンス・チャールズ'
C. 'White Prince Charles'

[遅咲き大輪系] 開花期：5〜10月
花径：6〜10cm　つる長：1.5〜2.5m
作出者、発表年、作出国不明

新旧両枝咲き。四季咲きの多花性種で、強健品種。性質は'プリンス・チャールズ'に似る。つるを伸ばしながら、節々に花をつけ、秋まで咲き続ける。早めに剪定をすれば、すぐに次の花が上がってくる。

'ロマンティカ'
C. 'Romantika'

[遅咲き大輪系] 開花期：5〜10月
花径：12〜15cm　つる長：1.5〜2.5m
作出：U. & A. Kivistik、1983年、エストニア

新旧両枝咲き。独特のシャープな雰囲気の剣弁花を、横向きに咲かせる。太めのつるをぐんぐんと伸ばしながら花を咲かせるので、広い場所にも向く。ほかの品種と組み合わせてもよくなじむ。

'ダンシング・スター'
C. 'Dancing Star'

[ヴィチセラ系] 開花期：5月中旬〜10月
花径：10〜13cm　つる長：2〜2.5m
作出：廣田哲也、1995年、日本

新枝咲き。小輪にもかかわらず、紫色の花弁と黄色いしべのコントラストは、遠目にもよく目立つ。雌しべの先端がほんのり赤紫色に染まり、効果的なアクセントになっている。花は側枝から枝垂れて咲く。

'ジュエリー・ローズ'
C. 'Jewely Rose'

[ヴィチセラ系] 開花期：5月中旬〜10月
花径：6〜10cm　つる長：2.5〜3m
作出：廣田哲也、2006年、日本

新枝咲き。ラベンダーピンク色の地に、細かな散り斑模様が入る繊細な印象。つるを伸ばしながら、絶え間なく花を咲かせ、ときとして、株が花で覆われることもあるほど多花性。鉢植えにも向く。

'ソワレ'
C. 'Soirée'

[ヴィチセラ系] 開花期：5月中旬〜10月
花径：10〜12cm　つる長：2〜3m
作出：飯野 正、2002年、日本

新枝咲き。テッセンとヴィチセラ系品種との交配種。青紫色の中輪の花に花芯はダークな色彩で、趣がある。つるを伸ばしながら次々と咲く多花性。

'マリア・コルネリア'
C. 'Maria Cornelia'

[ヴィチセラ系] 開花期：5月中旬〜10月
花径：5〜7cm　つる長：2〜3m
作出：Willem Straver、2001年、ドイツ

新枝咲き。見飽きないアイボリーホワイトの丸弁に、花芯の黒褐色がよいアクセント。うつむきかげんに咲くので、高いフェンスや細めのアーチに誘引してもよい。バラや草花との相性もよく、相手を選ばない。

'マダム・ジュリア・コレボン'
C. 'Madame Julia Correvon'

[ヴィチセラ系] 開花期：5月中旬〜10月
花径：5〜10cm　つる長：2.5〜3m
作出：Francisque Morel、1900年以前、フランス

新枝咲き。ワインレッドの4〜6弁の花は、開花が進むと花弁の先端が反転する。生育旺盛で多花性。2年生の苗を植えて1〜2年後には数百輪の花を咲かせるのも夢ではない。肥培して大株に育てたい。

'ペヴェリル・プリスティン'
C. 'Peveril Pristine'

[ヴィチセラ系] 開花期：5月中旬～10月
花径：7～10cm　つる長：2～3m
作出：Barry Fretwell、発表年不明、イギリス

新枝咲き。'マダム・ジュリア・コレボン' に花姿も性質もよく似る。白い十字の花を、つるをよく伸ばしながら次々と咲かせていく多花性。強健品種。

'プリンシパル'
C. 'Principal'

[ヴィチセラ系] 開花期：5月中旬～10月
花径：4～5cm　つる長：2～3m
作出：金澤美浩、2016年（発表）、日本

新枝咲き。ワインレッドの万重咲き。小輪多花性で、強健なうえに花つきもよい。'カーメシーナ' の枝変わり。よく似る 'パープレナ'、'プレナエレガンス'、'メアリーローズ' と混植し、3色を競演させても。

テッセン
C. florida 'Sieboldii'

[原種] 開花期：5月中旬～11月
花径：6～10cm　つる長：2～3m
分布地域：中国とされている

新旧両枝咲き。花弁は乳白色で、弁化した雄しべは紫色。天候や株の生育度によって、花姿が変化する。枝が太くならないためか、ある程度成長すると立ち枯れることもあるが、地中から再び芽が出てくる。

'白万重'（しろまんえ）
C. florida 'Alba Plena'

[原種] 開花期：5月中旬～11月
花径：6～10cm　つる長：2～3m
由来：テッセンの枝変わりとされる

新旧両枝咲き。1花の寿命は1か月ほどで、長く楽しめる。つるを伸ばしながら、節々の両側に1花ずつ並んで花を咲かせる。早めに剪定して、夏に休眠しないように心がけ、年2～3回は花を楽しみたい。

'はやて'
C. 'Hayate'

[フロリダ系] 開花期：5月中旬〜10月
花径：12〜15cm　つる長：2〜3m
作出：早川 廣、2008年、日本

新旧両枝咲き。ベルベット調で赤みを帯びた紫色の花弁と、明るい黄色の花芯のコントラストが華やか。時折、花形が乱れるが、生育の旺盛さと多花性、群を抜く強健さで十分にカバーできるだろう。

'レディ・キョウコ'
C. 'Lady Kyoko'

[フロリダ系] 開花期：5月中旬〜10月
花径：6〜8cm　つる長：2〜3m
作出：杉本公造、2006年、日本

新旧両枝咲き。フロリダの自然交雑実生。紫色を帯びたピンク色の万重咲きで、個性的な花色が人気。伸びながら咲き、花もちもよい。やや寒さに弱いので、寒冷地での冬越しは防寒が必要。立枯病に注意。

'大河'（たいが）
C. 'Taiga'

[フロリダ系] 開花期：5月中旬〜10月
花径：10〜12cm　つる長：2〜2.5m
作出：宇田川正健、2014年（発表）、日本

新旧両枝咲き。青紫色の花の弁先がライトグリーンに染まる、類を見ないツートーンカラーの万重咲き。強健で、次々と節々に花を咲かせるため、剪定のタイミングをよく見計らうようにしたい。

'パープルスター'
C. 'Purple Star'

[フロリダ系] 開花期：5月中旬〜10月
花径：10〜15cm　つる長：2〜3m
作出：佐藤 剛、2013年（発表）、日本

新旧両枝咲き。早咲き大輪系と、テッセンの血を受け継ぐ。明るい藤紫色の中大輪花。とがった花弁の整形花に、テッセンの面影がある。生育旺盛で、花後に適宜切り戻せば、次々と咲く。

'ハッピー・ダイアナ'
C. 'Happy Diana'

[テキセンシス系] 開花期：5月中旬〜10月
花径：7〜8cm　つる長：3〜4m
作出：石黒恒珠、2005年、日本

新枝咲き。'プリンセス・ダイアナ'の実生選抜品種。'プリンセス・ダイアナ'をふっくらとさせた花形で、二回りほど大きい。ガーデンでもよく目立つ。人気品種。

'プリンセス・ケイト'
C. PRINCESS KATE 'Zoprika'

[テキセンシス系] 開花期：5月中旬〜10月
花径：4〜6cm　つる長：3〜4m
作出：J. van Zoest B. V、2011年、オランダ

新枝咲き。テキセンシス系らしい、弁先が反り返るチューリップ形の花は、外側がピンク色で内側が白で愛らしい。つるを伸ばしながら節々に花をつける多花性。丈夫で育てやすい注目品種。

'琴子'（ことこ）
C. 'Kotoko'

[テキセンシス系] 開花期：5月中旬〜10月
花径：5〜6cm　つる長：2〜4m
作出：関口雄二、2016年、日本

新枝咲き。かわいらしい白とピンクのリバーシブルカラー。テキセンシス系の代表品種'プリンセス・ダイアナ'の枝変わり。性質や花形は親品種と同じなので、両品種を合わせて植えるとコンビネーションが抜群。

'踊場'（おどりば）
C. 'Odoriba'

[ヴィオルナ系] 開花期：5月中旬〜10月
花径：3〜5cm　つる長：3〜4m
作出：小沢一薫、1990年、日本

新枝咲き。濃いピンク色4弁のベル形で、弁端が外側に反り返り、下向きに咲く。地際から勢いよく新しいつるを伸ばし、枝分かれしながら側枝に花をつけて咲き続ける。大型のパーゴラや大鉢に向く。

'押切'（おしきり）
C. 'Oshikiri'

[ヴィオルナ系] 開花期：5月中旬～10月
花径：4～5cm　つる長：3～4m
作出：小澤一薫、1993年、日本

新枝咲き。ヴィオルナの自然交雑実生の選抜品種。赤みを帯びた壺形の花は、先端が少し開き、内側の黄色がのぞく、コントラストが美しい。生育旺盛でぐんぐん伸びながら次々と花を咲かせる。

'逧沢'（はいざわ）
C. 'Haizawa'

[ヴィオルナ系] 開花期：5月中旬～10月
花径：2～3cm　つる長：2.5～3m
作出：小澤一薫、1997年、日本

新枝咲き。ヴィオルナの自然交雑実生の選抜品種。花は4弁の壺形。花色はピンクがかった藤色で花弁の先端が白い。生育旺盛で太めのつるが勢いよく伸び、新しい枝の側枝から分岐しながら花をつける。

'天使の首飾り'
C. 'Tenshi-no-kubikazari'

[ヴィオルナ系] 開花期：5月中旬～10月
花径：2～3cm　つる長：0.8～1m
作出：杉本公造、2006年、日本

新枝咲き。味わいのある赤紫色の花は、白いピコティー（縁取り）が入る。非常に花つきがよく、次々と咲く。コンパクトにまとまるので、鉢植えにも向く。花後に適宜切り戻し、上手に誘引して育てたい。

'流星'（りゅうせい）
C. 'Ryusei'

[インテグリフォリア系] 開花期：5月中旬～10月
花径：6～10cm　つる長：1～2m
作出：及川フラグリーン、2015年、日本

新枝咲き。'ヴィクター・ヒューゴー' の枝変わり品種。ほかに類を見ないシルバーブルーの花色で、弁先にかけてにじむ濃紫色とともに上品で個性的。つるを伸ばしながら、節々に花を咲かせる。

'ユーリ'
C. 'Juuli'

[インテグリフォリア系] 開花期：5月中旬〜10月
花径：6〜10cm　つる長：1.5〜2m
作出：U. & A. Kivistik、1984年、エストニア

新枝咲き。横を向いて咲く。つるで絡まないので、立ち上げるときはビニールタイなどでしっかりとサポートする。株立ちにして花数をふやせば、見ごたえがある。

'アラベラ'
C. 'Arabella' (Fretwell 1994)

[インテグリフォリア系] 開花期：5月中旬〜10月
花径：7〜9cm　つる長：0.5〜1.5m
作出：Barry Fretwell、1990年、イギリス

新枝咲き。茎の先端部に小輪の花が房になってつく。花はまず上向きに咲き、次第に横を向いて淡い色に変わる。多数咲いているとグラデーションが楽しめる。'ユーリ'に似るが、本品種の花は一回り小さい。

'クリル'
C. 'Kuril'

[インテグリフォリア系] 開花期：5月中旬〜10月
花径：4〜5cm　つる長：0.8〜1.2m
作出：金澤美浩、2015年（発表）、日本

新枝咲き。木立ち性。'籠口'に似るが、本品種はうどんこ病が発生しにくい長所がある。早めに剪定すれば、二番花、三番花も期待できる。リング支柱でサポートするとよい。鉢植えにも向く。

'アフロディーテ・エレガフミナ'
C. 'Aphrodite Elegafumina'

[インテグリフォリア系] 開花期：5月中旬〜10月
花径：10〜12cm　つる長：2〜2.5m
作出：宇田川正健、1993年、日本

新枝咲き。受け咲きだが、開花が進むとやや開く。光沢のあるビロード状の濃い紫の4〜6弁花。さらに濃い同色の花芯をもち、独特の雰囲気がある。四季咲き性で多花性。剪定すれば繰り返し花が楽しめる。

切らないクレマチス20

*作出は、作出者名、作出年、作出国名の順で並んでいます。

{ 3 〜 4月 }

アーマンディー
C. armandii

[原種] 開花期:3月中旬〜4月中旬　花径:3〜6.5cm
つる長:5〜8m　分布地域:中国中部、中国西部、ミャンマー、ベトナム

旧枝咲き。耐寒性がやや弱いので、関東地方以西の平地に適する。花後は花がらを摘み取り、混み合った枝は間引く程度に。夏はいったん生育停止し、秋にまたつるを伸ばすが、夏以降は剪定はしない。

カートマニー 'ジョー'
C. × cartmanii 'Joe'

[フォステリー系] 開花期:3月中旬〜4月
花径:3〜5cm　つる長:0.5〜1.5m
作出:H & M Taylor、1985年、イギリス

旧枝咲き。雄株なのでタネ(果球)はできない。カートマニーを代表する園芸品種。丈夫で育てやすく、フォステリー系クレマチスが、注目されたきっかけとなった品種の一つ。(84ページ参照)

'プランタンビオレ'
C. 'Printempviolet'

[フォステリー系] 開花期:3月中旬〜4月
花径:3〜5cm　つる長:0.5〜1.5m
作出:及川フラグリーン、2016年、日本

旧枝咲き。グリーンがかった黄色い花のつけ根や、茎葉が赤紫色になり、ほかのフォステリー系にはない味わいのある色調。花がない時期でも、カラーリーフとして楽しめる。雌株。(84ページ参照)

'アーリー・センセーション'
C. 'Early Sensation'

[フォステリー系] 開花期:3月中旬〜4月
花径:4〜6cm　つる長:1〜2m
作出:Graham Hutchins、1995年、イギリス

旧枝咲き。雌株なので、花がら摘みをしないでおくと、魅力的なタネ(果球)がつく。フォステリー系のなかでは大型だが、草姿のバランスがよく、パセリ状の葉だけでも観賞価値がある。(84ページ参照)

旧枝咲きと、新旧両枝咲きの一部は、
新しく伸びるつるが充実して花を咲かせられるまで時間がかかります。
そのため、剪定は、花後に浅く切る程度にとどめます。
そのあとに伸びるつるを大切に育て、翌シーズンの開花に備えましょう。

切らない

{ 4～5月 }

シロバナハンショウヅル
C. williamsii

[原種] 開花期：4～5月　つる長：2.5～3m
分布地域：日本（関東地方以西の太平洋側、四国、九州）

旧枝咲き。日本の固有種。花は、冬芽から伸び始めた新しいつるの基部につく。開花は春でも、タネが実るのは遅くて年末になる。自家不和合性が強く、1株だけではタネをつけにくい。

'フレーダ'
C. 'Freda'

[モンタナ系] 開花期：4月中旬～5月中旬
花径：4～6cm　つる長：3～4m
作出：F. Deacon、1985年、イギリス

旧枝咲き。この系統で最も濃いチェリーレッドで、花弁の先がより濃くなる。濃い銅色の葉だけでも観賞価値が高い。モンタナ系は、夏に少し弱りやすいので、涼しく過ごさせたい。

カザグルマ
C. patens

[原種] 開花期：4月中旬～5月　花径：10～15cm
つる長：2～2.5m　分布地域：日本（本州、四国、九州）、朝鮮半島

旧枝咲き。冬芽から伸びた新しいつる先に、1輪ずつ花が咲く。写真は白花。各地に変異がある。品種改良の初期から交配親に用いられ、大輪系園芸品種の作出に大きな役割を果たした。（56、69ページ参照）

'ルリオコシ'
C. patens 'Ruriokoshi'

[原種] 開花期：4月中旬～5月　花径：8～10cm
つる長：2～2.5m　分布地域：日本（本州、四国、九州）、朝鮮半島

旧枝咲き。カザグルマのうち、八重咲きに変異したものの選抜種が、'ルリオコシ' や 'ユキオコシ'（白花）として栽培されている。基本的な性質は、カザグルマと同様。肥料は控えめに施すとよい。

{ 4〜10月 }

'業平'（なりひら）
C. 'Narihira'

［早咲き大輪系］開花期：4月中旬〜5月
花径：15〜20cm　つる長：2〜3m
作出：廣田哲也、発表年不明、日本

旧枝咲き。特徴的な青紫色の大輪。冴えた黄色の花芯とのコントラストが美しい。咲き始めは花弁の中央がほんのりと赤みがかる。見ごたえのある良花。

マクロペタラ 'ウェッセルトン'
C. macropetala 'Wesselton'

［アトラゲネ系］開花期：4月中旬〜10月
花径：6〜8cm　つる長：2〜3m
作出：J. Fisk、発表年不明、イギリス

旧枝咲き。この系統のなかでは、花は大きめ。夏の暑さや蒸れにやや弱いので、風通しのよい場所での管理がおすすめ。肥料は控えめに施すようにしたい。

'ブルネッテ'
C. 'Brunette'

［アトラゲネ系］開花期：4月中旬〜10月
花径：4〜6cm　つる長：2〜3m
作出：Magnus Johnson、1979年、スウェーデン

旧枝咲き。味わいのある赤紫色は、この系統では珍しく、花も大きめなので人目を引く。花後につくタネもかわいらしい。鉢植え、庭植えともに楽しめる。

'美佐世'（みさよ）
C. 'Misayo'

［早咲き大輪系］開花期：4月中旬〜10月
花径：12〜15cm　つる長：1〜1.5m
作出：石綿光太郎、1986年以前、日本

旧枝咲き。株が充実して花が咲くと覆輪部分が紺色になり波状弁で咲く。覆輪花のなかの名花。樹勢が少し弱いので、肥料は控えめに施すとよい。

'ブラック・ティー'
C. 'Black Tea'

[早咲き大輪系] 開花期：4月中旬〜10月
花径：15〜18cm　つる長：2〜3m
作出：早川 廣、1995年、日本

新旧両枝咲き。ビロードのような赤紫色の花は、咲き始めには見事な光沢がある。花弁の中央に赤く中筋が入る。ワインレッドの花芯と絶妙な色合わせを見せる。'ミセス・N・トンプソン'の交配種。鉢植え向き。

'八橋'（やつはし）
C. 'Yatsuhashi'

[早咲き大輪系] 開花期：4月中旬〜10月
花径：12〜15cm　つる長：1.5〜2.5m
作出：廣田哲也、1995年、日本

新旧両枝咲き。赤みを帯びた紫色の花で、花弁の中央が白く抜ける。和紙のような、独特の質感。つる先と、その下の節に花を咲かせる。花後すぐに切り戻し、しっかり追肥をすれば二番花も期待できる。

{ 5〜7月 }　　　{ 5〜10月 }

'こはな'
C. 'Kohana'

[早咲き大輪系] 開花期：5〜7月
花径：10〜15cm　つる長：1〜1.5m
作出：早川 廣、2010年、日本

旧枝咲き。中心がグリーンがかった花が、純白に咲き進む。花弁数が多い八重咲きで、満開になるまで長期間楽しめる。節間が非常に短く、コンパクト。比較的強健で育てやすい。

'面白'（おもしろ）
C. 'Omoshiro'

[早咲き大輪系] 開花期：5〜10月
花径：12〜15cm　つる長：1.5〜2m
作出：早川 廣、1988年、日本

新旧両枝咲き。花の開き始めのとき、花弁の裏側の桃紫色がちらりと見え、開花すれば淡ピンク色に桃紫色の覆輪花となる。多花性だが、旧枝を多く残しておくと、いっそう花数がふえる。

'ダイヤモンド・ボール'
C. 'Diamond Ball'

[早咲き大輪系] 開花期：5〜10月
花径：10〜22cm　つる長：1.5〜2m
作出：Szczepan Marczynski、2012年、ポーランド

新旧両枝咲き。パープルブルーの大輪の花は、手まり状にまとまり、遠くからでも人目を引く。株が充実してくると、花弁の枚数もふえる。二番花でもしっかり八重咲きになる。鉢植えにも向く。

'千の風'
C. 'Sen-no-kaze'

[早咲き大輪系] 開花期：5〜10月
花径：12〜15cm　つる長：2〜3m
作出：廣田哲也、2004年、日本

新旧両枝咲き。グリーンがかった花は、エレガントな雰囲気。咲き進んでも、美しくグリーンが残る。大輪、八重咲きながら、花つきが非常によく、株一面が花で覆われることもある。

'土岐'（とき）
C. 'Toki'

[早咲き大輪系] 開花期：5〜10月
花径：12〜15cm　つる長：0.5〜1.5m
作出：杉本公造、1989年、日本

新旧両枝咲き。新しく伸びたつるの側枝に花が咲く。咲き始めはグリーンがかり、徐々に白へと変化。コンパクトな草姿なので、狭いスペースでも植えられる。花弁が厚いので花もちがよい。

'マズリー'
C. 'Mazury'

[早咲き大輪系] 開花期：5〜10月
花径：15〜18cm　つる長：2〜3m
作出：Szczepan Marczynski、2006年、ポーランド

新旧両枝咲き。ライトブルーの花色は、咲き進むにしたがって、淡いブルーに変化する。すらっとつるが伸びて、先端に1花を咲かせる。つるが堅いので、若くしなやかなうちに誘引しないと折れるので注意。

12か月
栽培ナビ

主な作業と管理を
月ごとにわかりやすく
まとめました。

アーマンディー（原種）
常緑で生育旺盛、甘い芳香を放つ原種のクレマチス。ソメイヨシノが咲くころに満開を迎える。36ページ参照。

January
1月

今月の主な作業

- 基本 冬の剪定（1月～2月上旬）
- 基本 寒肥（12月中旬～1月）
- トライ 防寒対策
- トライ 株分け（11月下旬～2月）

基本 基本の作業
トライ 中級・上級者向けの作業

切る 切るクレマチス　切らない 切らないクレマチス

1月のクレマチス

ほとんどの種類が休眠中のなか、冬咲きのナパウレンシス、アンスンエンシスなどは開花中。花後につくタネ（果球）も観賞してみましょう。休眠中の庭植えの株には、今月中に寒肥を施します。

クレマチス・ナパウレンシス
C. napaulensis

［原種］開花期：12～1月　花径：2.5～3cm
つる長：2.5～3m　分布地域：中国南西部からヒマラヤ東部まで

旧枝咲きの 切らない 。最初はグリーンの花色が、咲き進むうちにオフグリーンへと変化し、褐色の雄しべとのコントラストがよい。花後にできる果球も魅力的。

主な作業

基本 冬の剪定（44ページ参照）

切る つるの本数、花数を加減する剪定

この時期は、株が枯れているように見えますが、根は生きています。

なお、つるは伸びていないので、支柱は不要ですが、この時期にさし替えておいてもかまいません。

切らない 枯れたように見えるが、切り詰めない

ナパウレンシスやシルホサ系（88ペー

つるの節には、すでに芽がある。 切らない はこの芽の中に、すでに花の準備ができている。

今月の管理

- ❄ 日なたに置く。寒さに弱いものは、防寒を施す
- 💧 庭植えは乾かしすぎない。鉢植えは乾いてから2〜3日後
- 🟫 寒肥を施す
- 🐛 特に発生しない

1月

ジ参照）などと、アーマンディー系のような常緑性を除き、この時期のクレマチスのつるは枯れたように見えます。しかし、前年に伸びたつるの節には、すでに芽ができているので、切らない はこの時期、短く切り詰めません。

基本 寒肥（45ページ参照）

春からの成長をサポート

切る 切らない ゆっくり分解する有機質肥料なら、この時期に施しておきましょう。気温が上がる春には効果が出始め、成長期に入るクレマチスをじっくりサポートします。スタートを加速させるためにも、寒肥はおすすめです。

トライ 防寒対策（45ページ参照）

春から伸びる新芽を守る

切る 前年に伸びたつるから新芽を出すものは、寒風に当てないようにします。地中から新芽を出す新枝咲きのものは、株元に腐葉土や土などをかぶせて防寒します。

切らない 早春咲きのものは、寒さで花芽を傷めると花が咲かないことがあります。冷え込むときは、株を寒冷紗などで覆って簡単な防寒をしましょう。

トライ 株分け

11月（79ページ）を参照してください。

管理

🔼 庭植えの場合

💧 **水やり：月2〜3回**

乾かしすぎないように、月2〜3回を目安に与えます。

🟫 **肥料：寒肥**（45ページ参照）

🐛 **病害虫の防除：特に発生しない**

この時期、特に病害虫は発生しませんが、出葉前のこの時期から薬剤散布を行い、防除に努めると効果的です。常緑性の種類は、葉裏まで均一に薬剤をかけます。90〜92ページも参照。

🪴 鉢植えの場合

❄ **置き場：寒風の当たらない日なた**

花芽ができているアーマンディー系やモンタナ系などに寒風が当たると、つる先が枯れることがあります。

💧 **水やり：乾いてから2〜3日後**

水は晴れて暖かい日の午前10〜12時ごろに、底穴から流れ出るまで、たっぷり与えましょう。開花中の種類は、乾かしすぎないようにします。

🟫 **肥料：寒肥**（45ページ参照）

🐛 **病害虫の防除：庭植えに準じる**

基本 冬の剪定 [切る]   適期＝1月〜2月上旬

枯れたように見える1月の状態
[切る]の新枝咲きのタイプは、前年に伸びたつるは枯れているので切ってかまわない。

つるが1本しかない株は

植えてから1〜2年の株や、生育が思わしくない株で、つるが1本しかない場合は、地際近くの節から芽が出ていても、地中から伸びてくる芽の生育を促すために、地表すれすれで切る。

つるが数本伸びていた株は

2月下旬ぐらいから、太い新芽が出るので大切に伸ばす。枯れたつるの地際近くの節から芽が出ていたら、こちらも残すために、芽の上で切る。

木立ち性の株は

つるにならないインテグリフォリア系も、冬は茎が枯れるので、地際まで切り戻す。地際から新芽が出てきたら、傷めないように注意する。

広いフェンスの面を花で覆うには

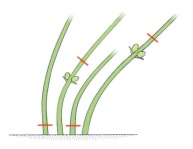

「切る」のつるに太った大きな芽がついていたら、芽の上でつるを切る。太った芽がないつるは、地際で切り戻す。

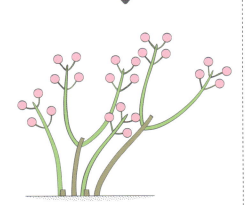

冬の剪定で、つるに長短をつけておくと、芽から新しいつるが伸びて、さまざまな高さで花が咲き、広い面を覆うのに都合がよい。

基本 寒肥

適期＝12月中旬〜1月

寒肥には有機質肥料を選ぶ

春からのクレマチスの生育をサポートするために、土壌の微生物にも有効な有機質肥料がおすすめ。

有機質肥料は穴を掘って施す

庭植えには、株元から20〜30cm離した位置に、深さ10cmほど、直径20〜30cmほどの穴を2〜3個掘り、1穴につき3〜4つかみ（合計約120〜150g）ほどの有機質肥料をまいて埋め戻す。
鉢植えには、鉢縁近くに浅い穴を掘り、庭植え同様の肥料を一穴につき大さじ1杯ほど投入して埋め戻す。

トライ 防寒対策

適期＝11月下旬〜2月

土をかぶせて新芽を寒さから守る

この時期に地中から出かかっている新芽を、霜などで傷めないように、株元には腐葉土や土をかぶせて防寒する。

1月
2月
3月
4月
5月
6月
7月
8月
9月
10月
11月
12月

February 2月

今月の主な作業

- 基本 冬の剪定と誘引（1月〜2月上旬）
- 基本 休眠期の植えつけ（2〜3月）
- トライ 防寒対策
- トライ 株分け（11月下旬〜2月）

基本 基本の作業
トライ 中級・上級者向けの作業
切る 切るクレマチス　切らない 切らないクレマチス

2月のクレマチス

冬咲きのシルホサ系品種、ナパウレンシス、アンスンエンシスなどの 切らない が開花中。 切る は剪定の時期です。地際の芽を確認しましょう。

'ランズダン・ジェム'
C. cirrhosa var. *purpurascens* 'Lansdowne Gem'

［シルホサ系］　開花期：10〜5月　花径：3〜5cm　つる長：2〜3m　作出：M. L. Jerard、1995年、ニュージーランド

旧枝咲きの 切らない 。細花弁のすっきりしたベル形で、少しシャープな印象。花の内側はシルホサ系品種のなかでは、最も濃い赤紫色で華やか。冬の庭のアクセントに。

主な作業

基本 冬の剪定と誘引（48ページ参照）

切る 花芽がつく位置で誘引

切る つる先のやせた芽からは花が咲かないので、先端のみカットしておきます。

切る は芽から4〜7節伸びて花が咲くので、支柱やフェンスに誘引するときは、上部を少しあけておきます。

なお、地際から新芽を出すタイプのものは、古いつるを切り戻しておきます。

切らない つる先のみカット

前年に伸びたつるにつく芽もふくらみ、認識しやすくなります。芽がついていない細いつるや、やせて小さな芽は、カットしてかまいません。

支柱にビニールタイをしっかり固定してから、余裕をもたせてつるにかけてねじり留める。

今月の管理

- ☀ 日なたに置く。寒さに弱いものは、防寒を施す
- 💧 庭植えは乾かしすぎない。鉢植えは乾いてから2〜3日後
- 🟫 1月に寒肥を施していれば施さない
- 🐛 特に発生しない

基本 休眠期の植えつけ（49ページ参照）

充実している3年生株を選ぼう

休眠中のクレマチスは、植え替え時の根傷みが少なくてすみます。苗は、充実した3年生以上のものを選ぶとよいでしょう。気に入った品種の1、2年生苗しか入手できなかった場合は、必ず1年間は鉢植えにして栽培します。

クレマチスを栽培するには、次のような場所を選びましょう。

❶日当たりのよい場所

基本的にクレマチスは、日当たりのよい環境を好みます。少なくとも半日は日が当たる場所が最適です。

❷風通しのよい場所

強風が吹きつけるような場所は避け、常に微風が通る場所が適します。

❸水はけと水もちがよい場所

庭植えでは水が停滞せず、適度な水もちのある土壌の場所を選びます。雨後に水たまりができる場所は、腐葉土などを入れて、水はけをよくします。鉢植えの用土は11ページを参照。

トライ 防寒対策

1月に準じます（45ページ参照）。

トライ 株分け

11月（79ページ）を参照してください。

管理

🔼 庭植えの場合

💧 水やり：月2〜3回が目安

1月に準じます。乾かしすぎないように、月2〜3回を目安に与えます。

🟫 肥料：施さない

🐛 病害虫の防除：特に発生しない

この時期、特に病害虫は発生しませんが、休眠期の間に薬剤散布を行っておくとよいでしょう。90〜92ページも参照。

🪴 鉢植えの場合

☀ 置き場：寒風の当たらない日なた

アーマンディー系やモンタナ系、フォステリー系などは、寒風が当たると、蕾がしおれてしまうことがあるので、鉢は寒風を避けて置きましょう。

💧 水やり：乾いてから2〜3日後

水やりは、晴れて暖かい日の午前10〜12時ごろに行います。蕾がはっきりわかるものや開花中の種類は、乾かしすぎに注意します。

🟫 肥料：基本、施さない

🐛 病害虫の防除：庭植えに準じる

基本 冬の剪定と誘引　適期＝1月～2月上旬

切る

①

つるの先端だけ切る
芽を確認し、ついていないつる、短いつるはつけ根で切る。芽がついていても、つるの先端の芽は充実していないので切る。

②

残すつるには長短をつけるのがコツ
芽がついたつるでも、1株に対する数が多すぎるようなら、あえて長さ2分の1ぐらいに切っておくと、花数は減るが大きな花が咲く。

③

支柱の上部はあけて誘引する
切る は、各芽から4～7節伸びて花が咲くので、支柱の中段ぐらいまでつるを誘引する。各節から開花枝が伸びたら、上に向けて誘引すると美しい。

切らない

①

花芽の有無をチェック
各つるの先端に近い、太った丸い芽の上で切る。芽がついていない、もしくはやせた芽しかついていないつるは、つけ根で切っておく。

②

剪定完了の様子
つるの先だけをカットしたので、剪定前と比べて、全体のつるの量にはそれほど差がない。

③

支柱の上部まで均一に誘引する
切らない は、各芽から1～2節伸びて花が咲くので、支柱の上部までつるを誘引する。つるは均一に巻いていくと、花が咲いたときに美しく見える。

基本 休眠期の植えつけ

適期=2~3月

🏠 庭植えの場合

①

すべてのつる先を切る

充実しつつある3年生苗が扱いやすい。株の高さの3分の2を残すように、太った芽の上の節と節の真ん中あたりでつるを切る。

②

Ⓐ 根鉢の底土をほぐす

赤玉土など粒状の土に植えられた苗は、根鉢の底を写真ぐらいにくずす程度で、植えつけられる。

Ⓑ ピートモスに植えられた苗は水洗い

ピートモスが多い用土に植えられた苗は、根を切らないようにていねいに水洗いする。

③

植え場所の土づくりは2週間前に

植えつけの2週間前、植え場所の土を軟らかく耕し、掘り上げた土の3割量ほどの完熟腐葉土や完熟堆肥、適量の緩効性化成肥料を施しておく。

④

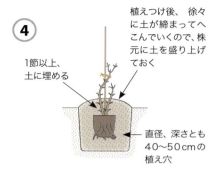

植えつけ後、徐々に土が締まってへこんでいくので、株元に土を盛り上げておく

1節以上、土に埋める

直径、深さとも40~50cmの植え穴

1節以上埋めて植えつける

なお、②-Ⓑで根を水洗いした場合は、下の「鉢植えの場合」を参考に、根を広げて植えつける。

🪴 鉢植えの場合

鉢底石を敷き、3分の1量ほどの用土(11ページ参照)を山形に入れた上に、クレマチスの根を広げて据え、用土を足して植えつける。

苗を据えたとき、支柱も添えて一緒に埋めておけば、根に支柱を突きさすおそれがない。木製のトレリスやフェンスは、プラスチック製の脚を継ぎ足して使用すると、腐敗を避けられる。

March
3月

今月の主な作業

- 基本 苗の種類と選び方
- 基本 休眠期の植えつけ（2〜3月）
- 基本 開花までの誘引（3〜5月）

基本　基本の作業
トライ　中級・上級者向けの作業
切る　切るクレマチス　　切らない　切らないクレマチス

3月のクレマチス

早春咲きの 切らない 、フォステリー系やアーマンディー系が開花期を迎えます。いずれも香りがよいのも魅力的。庭植え、鉢植えともに、肥料を施す時期です。

PIXTA

クレマチス・ペトレイ
C. petriei

［原種］開花期：3月中旬〜4月　花径：2〜3cm　つる長：1〜1.5m　分布地域：ニュージーランド（南島北西部）

旧枝咲きの 切らない 。フォステリー系クレマチスの原種で、香りがよい。小さなパセリ状の葉が枝垂れて伸びる。緑色の6弁花が、小さな星をちりばめたように株全体を覆う。

主な作業

基本 苗の種類と選び方

育てやすい苗を選べば失敗しない

クレマチスは、主にポリポットの苗と、開花鉢の2タイプが流通します。苗にも大きさがいろいろあり、入手後すぐに植えれば、3〜4か月で花が咲くこともある3年生苗がおすすめです。

作業と管理のヒントになるので、品種名などが記されたラベルつきの苗を選びたいものです。

選ぶなら、こんな苗

［3年生苗］4〜5号ポット（直径12〜15cm）でつるが太く、節に太った丸い芽がついている、もしくは葉が芽吹いているもの。底穴から根が見えているもの。

［開花株］5〜6号鉢（直径15〜18cm）で10輪ほど花が咲いており、蕾が複数ついているもの。葉色が濃く、病害虫がついていないもの。株元がグラグラせず、2〜3本のつるが出ているもの。

基本 休眠期の植えつけ／開花までの誘引

いずれも2月に準じます（48、49ページ参照）。

今月の管理

- ☀ 日なたに置く
- 💧 庭植えは乾いてから1～2日後。鉢植えは2～3日に1回
- 🌱 追肥（芽出し肥）
- 🐛 アブラムシなど

管理

🔺 庭植えの場合

💧 水やり：乾いてから1～2日後
乾いてから1～2日後に1回を目安に与えます。

🌱 肥料：芽出しのための追肥
適量の緩効性化成肥料（*1）を株元にまいて施します。

🐛 病害虫の防除：アブラムシなど
発生前に浸透移行性のアセフェート粒剤などを散布しましょう（90～92ページ参照）。

🪴 鉢植えの場合

☀ 置き場：日なた
風当たりの強くない軒下などに鉢を移動させます。

💧 水やり：2～3日に1回
暖かい日の午前中に、底穴から流れ出るまでたっぷり水を与えましょう。

🌱 肥料：芽出しのための追肥
リン酸分が多く速効性の液体肥料（*2）を1～2週間に1回施します。

🐛 病害虫の防除：庭植えに準じる

品種選びのヒント

庭植えのアーチに
[切る] 'マダム・ジュリア・コレボン' など

鉢植えに
[切る] 'バーボン'、'天使の首飾り' など
[切らない] フォステリー系など

花市場における、流通量が多い品種
（フラワーオークションジャパン 2016年調べ）

開花鉢
1 カートマニー'ジョー'（5,973鉢）
2 'ドクター・ラッペル'（3,110鉢）
3 'H・F・ヤング'（2,809鉢）

苗
1 カートマニー'ジョー'（2,847ポット）
2 ペトレイ（2,203ポット）
3 アンスンエンシス（1,179ポット）

開花鉢と苗の月間取り扱い量推移
＊苗は2、3月、開花鉢は4、5月が流通量が多く、入手がラク！

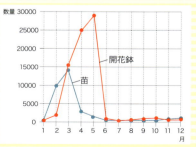

---

*1 N-P-K=6-40-6、11-11-7、10-18-7など、リン酸分に富んだ粒状肥料など
*2 N-P-K=6-10-5、5-10-5などの希釈するタイプの液体肥料

April
4月

今月の主な作業

- 基本 花がら摘み（4〜10月）
- 基本 開花後の植えつけ、植え替え（4〜6月）
- 基本 開花までの誘引（3〜5月）
- トライ ブロッキング（4〜6月）

基本 基本の作業
トライ 中級・上級者向けの作業

切る 切るクレマチス　　切らない 切らないクレマチス

4月のクレマチス

切らない のモンタナ・ルーベンスが花期を迎え、本格的なクレマチスのシーズンが始まります。伸びるつる先をこまめに誘引し、バランスよくつるを配りましょう。

クレマチス・モンタナ・ルーベンス
C. montana var. *rubens*

［原種］開花期：4月中旬〜5月中旬　花径：5〜7cm　つる長：3〜5m　分布地域：中国

旧枝咲きの 切らない 。諸説あるが、モンタナの野生種の選抜種とされる。この系統のなかでも開花が早く、花つきがよい。植えつけから2〜3年後には、1株で数百輪を咲かせることもある。

主な作業

基本 花がら摘み（55ページ参照）

花首をカットする

開花した花の花弁が散ったら、花首を切って花がら摘みをしましょう。タネがつくと株が消耗し、次の花が咲きにくくなります。万重咲きや雌雄異株のフォステリー系品種など、一部にはタネができない種類もありますが、カビなどを防ぐためにも花がらは切っておきたいものです。

花後の剪定の際は、多少花が残っていても思いきって剪定します。開花中の花や蕾が残っていたら、つるを1〜2節つけて切り、切り花で楽しみます。

基本 開花後の植えつけ、植え替え（54ページ参照）

花後に植えつけて、株を整える

切る 開花鉢で入手して咲き終えたものや、2〜3年植えっぱなしで、休眠期の間に植え替えなかった株は、庭に植えつけるか、二回りほど大きな鉢に植え替えます。

切らない 剪定のタイミングが主に花後だけなので、花後剪定に加えて植え替え、夏から秋にかけて、来年の花

今月の管理

- ☀ 日なたに置く
- 💧 庭植えは乾いてから1～2日後。鉢植えは1～2日に1回
- 🔲 3月に施した追肥が切れるころに、再度追肥
- 🍃 アブラムシ、うどんこ病、赤渋病（さび病）など

芽をつけるつるを十分に育てておきましょう。

基本 開花までの誘引（48ページ参照）

伸び出したつるはこまめに誘引

生育が旺盛になると、次第につるが伸び始めます。支柱の外周に巻くようにし、ところどころビニールタイや麻ひもで結び留めます。

つるはできるだけ横に倒し、こまめに留める。

トライ ブロッキング（55ページ参照）

繊細な根を守るためのひと工夫

クレマチスの根は意外と繊細です。花壇でほかの植物と混植したり、大型プランターで寄せ植えにする場合は、互いに根が絡み合って干渉し合わないように、ブロッキング材（仕切り）を入れて植えつけるとよいでしょう。

管理

🔼 庭植えの場合

💧 **水やり：乾いてから1～2日後**

水切れさせないようにします。

🔲 **肥料：3月に施した追肥に応じて施す**

3月に施した追肥の効果が続いていれば、施しません。肥料のパッケージに記載されている効果が切れる時期になったら、規定量を追肥しましょう。

🍃 **病害虫の防除：アブラムシ、うどんこ病、赤渋病（さび病）など**

病害虫の発生がふえるので、環境を整え、必要に応じて薬剤散布で防除します（90～92ページ参照）。

🪴 鉢植えの場合

☀ **置き場：日なた**

強風に当てると花弁が傷んだり、葉柄が巻きつけなくなったりするので、注意しましょう。

💧 **水やり：1～2日に1回**

成長が旺盛になったら、鉢土の乾き具合に注意して水やりします。

🔲 **肥料：庭植えに準じる**

液体肥料は、月2回施します。

🍃 **病害虫の防除：庭植えに準じる**

基本 開花後の植えつけ、植え替え　適期＝4〜6月

🏠 庭植えの場合

花後の株を剪定する

[切る]は、植え替えによって生育が鈍ることがあるので、長さの2分の1を目安につるを切る。つるは、長短つけて切っておくと、植え替え後のつる配りがしやすくなる。
[切らない]は花がら摘み程度に切る。

植え穴を掘る

つるを誘引するフェンスのわきに、直径、深さとも40〜50cmほどの植え穴を掘る。掘り上げた土の量の3割程度の完熟腐葉土か完熟堆肥と、規定量のリン酸分が多い緩効性化成肥料を混ぜたら、3分の1〜2分の1量を植え穴に戻す。

植え穴に株を据える

鉢の底面をたたき、株元を持って逆さにして、根鉢を取り出す。表土と根鉢の底部を軽くほぐしておく。❷の植え穴に株を据え、株元の1〜2節が埋まるように、❷で植え穴に入れた土の量を調整する。

植えつけて水を与える

根鉢と植え穴のすき間に土を戻して植えつける。株元には土をかけて覆っておく。バケツ1杯の水を2〜3回に分けて、2杯分を株元に静かに注ぐ。つるは、ビニールタイや麻ひもでフェンスに誘引して完了。

鉢植えの場合

1

用土を入れた鉢に株を据える

鉢から根鉢を取り出し、表土と根鉢の底部を軽くほぐす。新しい鉢に鉢底石を敷き、11ページの用土か、草花用培養土を入れる。株を据え、株元の1〜2節が埋まるように、用土の量を調整する。

2

すき間なく用土を入れる

すき間があかないようにときどき鉢を揺すりながら、用土を入れて植えつける。底穴から流れ出てくるまで、たっぷり水やりをして完了。

株元の1〜2節を埋めるのはなぜ？

クレマチスは株元の1〜2節を埋めると、土中の節から新しい根と新芽が伸び出し、つるの本数がふえます。植えつけ後も、ときどき株元に盛り土をしましょう。

基本 花がら摘み

適期＝4〜10月

花が咲き終わったら、花首、もしくは花首の下の1〜2節部分で切って取り除く。

切らないは、花後すぐに剪定する。咲いている花や蕾は、1〜2節つけて切り、切り花として楽しめる。

トライ ブロッキング

適期＝4〜6月（植えつけ、植え替えと同時に）

鉢植えの場合

鉢植えに寄せ植えをするときは、プラスチック板や波板で仕切りを入れると、寄せ植えにする植物の根と絡み合ってしまうのを避けられる。

May
5月

基本 基本の作業
トライ 中級・上級者向けの作業

切る 切るクレマチス　切らない 切らないクレマチス

今月の主な作業

- 基本 花がら摘み（4〜10月）
- 基本 開花後の植えつけ、植え替え
- 基本 開花までの誘引（4〜5月）
- 基本 開花後の剪定・1回目
- トライ さし木（5〜7月）
- トライ つる伏せ（5〜6月）

5月のクレマチス

日本のクレマチスの代表、カザグルマが咲き始め、続いて早咲き大輪系、遅咲き大輪系と、大輪がにぎやかに咲き誇り、たくさんの開花株が流通します。早春咲きの種類をはじめ、忘れずに花後剪定と施肥を。

カザグルマ　*C. patens*

［原種］開花期：4月中旬〜5月　花径：10〜15cm　つる長：2〜2.5m　分布地域：日本（本州、四国、九州）、朝鮮半島（37ページも参照）

旧枝咲きの 切らない 。日本各地に自生し、変異が見られる大輪。花色は白、紫の濃淡などがある。前年の枝から短い開花枝を伸ばして咲くので、コンパクトに仕立てることができる。

主な作業

基本 **花がら摘み**
　4月に準じます（55ページ参照）。

基本 **開花後の植えつけ、植え替え**
　4月に準じます（54ページ参照）。

基本 **開花までの誘引**
　4月に準じます（48、53ページ参照）。

基本 **開花後の剪定・1回目**（58ページ参照）

**植え替え不要の株も、
花後は一気に剪定**

　既存の株などで植え替えが不要な株であっても、花後には剪定を行いましょう。しおれた花を放置するとタネができて株が弱ったり、数がふえることなくつるが伸び、花数が減ってしまったりします。そこでつるを切っていったんリセット。1つの節からつるが1〜2本伸びることでつる数がふえ、花数をふやすことができます。

　切る 花後に剪定すると節からつるが伸び出し、4〜6週間後にまた開花する四季咲きです。満開を過ぎたら、できるだけ早く剪定し、次の花を咲かせる準備をしましょう。

　切らない この時期につるを切っておかないと、つる数がふえなかったり、草

今月の管理

- ☀ 日なたに置く
- 💧 庭植えは1〜2日に1回。鉢植えは1〜2日に1回
- 🌰 4月に施した追肥が切れるころに、再度追肥
- 🐛 アブラムシ、うどんこ病、赤渋病（さび病）、白絹病など

姿をリセットできなくなります。花後すぐに剪定するのがコツです（60ページ参照）。

トライ さし木（61ページ参照）

株を失わないために予備株づくりを

モンタナ系やアトラゲネ系は株の寿命が短く、また、テッセンのように立ち枯れしやすい種類は、突然枯死することがあります。大切な株を失ってしまわないように、さし木で予備の株をつくっておくと安心です。

刃物は、清潔でよく切れるものを使いましょう。

なお、種苗登録されている品種は、無断で株をふやすことが禁止されています。さし木に限らず、種苗登録されている品種からふやした株は、譲渡などせずに、個人で楽しむ範囲にとどめましょう。

トライ つる伏せ（69ページ参照）

親株とつなげたままふやす

つる性という特徴を生かし、新しい株を容易にふやす方法です。

管理

🌱 庭植えの場合

💧 水やり：1〜2日に1回

乾かしすぎに注意します。

🌰 肥料：3月に施した追肥に応じて施す

3月、および4月に施した肥料の効果が、数か月続くものであれば、追肥は不要です。1〜2か月で肥料の効果が切れるものであれば、追肥をします。

🐛 病害虫の防除：アブラムシ、うどんこ病、赤渋病（さび病）、白絹病など

対策方法は、4月に準じます。

🪴 鉢植えの場合

☀ 置き場：日なた

どの鉢も日なたに置き、よく日に当てましょう。雨天の日、花弁が薄い品種は、軒下などに取り込むとよいでしょう。

💧 水やり：1〜2日に1回

鉢土の乾き具合に注意して与えます。

🌰 肥料：庭植えに準じる

液体肥料を利用しているなら、月2回施します。

🐛 病害虫の防除：庭植えに準じる

基本 開花後の剪定・1回目

切る　適期＝1回目 5月中旬〜下旬（ トライ 2回目 8月下旬〜9月上旬／59ページ参照）

新旧両枝咲き

① 一番花を剪定（5月中旬〜下旬）　前年に伸びたつると春から新しく伸びたつるを見極め、新しく伸びたつるの2分の1ぐらいの位置で切る。

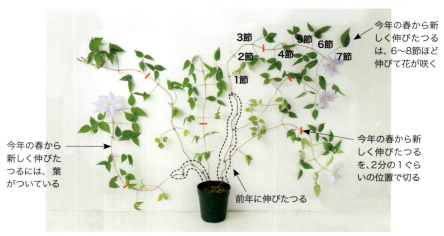

② 二番花が開花（6月下旬〜7月上旬）　切った位置のすぐ下の節から、1〜2本の新しいつるが6〜8節ほど伸びて花が咲く。

Ⓐ 5月中旬〜下旬に切った位置
Ⓑ 剪定後に伸び出したつる
Ⓒ 6月下旬〜7月上旬、二番花が開花

トライ 開花後の剪定・2回目 満開を過ぎたら、また新しく伸びたつるの2分の1ぐらいの位置で切り、三番花に挑戦してみよう。

③ 二番花を剪定（8月下旬～9月上旬）→ 三番花が開花（10月上旬～下旬）

晩夏に早めに切れば、気温のある間に新しく伸びたつるが充実。三番花が終わったら、つるはつる先を整理する程度に切り、年明けに冬の剪定をする（44ページ参照）。

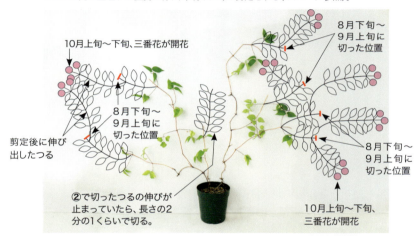

株元からつるが新しく伸びてくる「新枝咲き」の場合

「新枝咲き」は、最初のつるを充実させるのに少々時間がかかるため、一番花、二番花はやや遅咲きになる。よって、剪定の時期もやや遅め。

- Ⓐ 1回目の剪定。6月中旬～下旬に株元から1～2節で切る
- Ⓑ 二番花
- Ⓒ 2回目の剪定。8月下旬～9月上旬。新しく伸びたつるを1～2節残して切る
- Ⓓ 三番花
- Ⓔ 地中から新たなつるが伸びてくることもある

切らない 適期＝5月中旬〜6月中旬

① 花がらがついていたら、その下の1〜2節で切る

花がら

1節／1節／2節／1節／1節／1節

今年の春から新しく伸びたつるには、葉がついている

前年に伸びたつる。ここには葉がない。

② 当年中は花が咲かないが、開花の翌春まで、このつるを大切に育てる

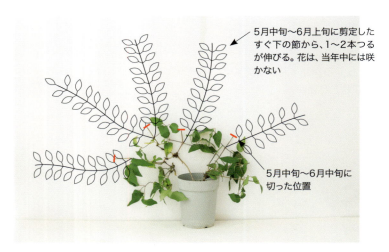

5月中旬〜6月上旬に剪定したすぐ下の節から、1〜2本つるが伸びる。花は、当年中には咲かない

5月中旬〜6月中旬に切った位置

> **トライ** 5月中旬に剪定し、生育がよく6月中旬に5節以上伸びていたら、2〜3節残して再度剪定し、来年用のつる数をふやすのに挑戦してみよう。

🔰トライ さし木　適期＝5〜7月

＊アンスンエンシス(P86)、シルホサ(P88)は、12〜2月に作業し、無加温の室内で管理する。

①

つる先2節より下をさし穂に

花が咲いたつるの先端2節は、未熟なので切り落とす。残りの部分を2節ずつに切り分ける。切り分けたつるの下部を、水に2〜3時間さして水あげする。このとき、さし穂の上下を間違えないようにする。

②
材料を用意する

赤玉土小粒、パーライト小粒、鹿沼土小粒、ポリポット、鉢底ネット、深い鉢皿、土入れ、①で水あげしたさし穂を用意。ほかに水を入れたボウルやたらいを準備する。鉢底ネットを敷いたポリポットに、鹿沼土小粒を1.5cmほどと、パーライト小粒を八〜九分目まで入れる。

③

ポリポットを水に沈める

水を入れたボウルかたらいに、②のポットをそっと沈める。パーライトが浮いて散らばらないように注意。

発根までの管理

約10日後：鉢皿の水位を1cmにする。
約20日後：規定倍率の2倍に希釈したリン酸分の多い液体肥料を、鉢皿の半量ほど注いでおく。
約45日後：鉢皿に水をためるのをやめ、赤玉土が乾いたら水を与える水やりをする。2か月後には鉢上げができる(71ページ参照)。

④

さし穂をさす

③で沈めた状態のまま、①のさし穂をそっとさし、ポリポットをゆっくり水から引き上げる。

⑤

表面に赤玉土を敷く

④の表面に、赤玉土小粒を敷き込み、指でキュッと押さえて下のパーライトを落ち着かせる。

⑥

水を入れた鉢皿に置く

水を2〜3cm入れた鉢皿に⑤を置き、直射日光が当たらない場所で管理する。鉢皿の水がなくなったら水を足す。

金子さんの クレマチス・ストーリー ❷

バラとのコラボレーション

一番のお相手、バラと組み合わせて、憧れの景色をつくりましょう。

● **シュラブのバラと合わせる**

切る がおすすめ！

バラの剪定時期は主に冬です。切る なら、つるが残っていても同じように落葉しているので、剪定作業の邪魔になりません。

【おすすめの組み合わせ】 クレマチス'マダム・ジュリア・コレボン' + バラ'ジュビリー・セレブレーション'、クレマチス'篭口' + バラ'マダム・ピエール・オジェ'など。また、バラにない青や紫系の花色を組み合わせるとよく映えます。花期が合う、インテグリフォリア系や遅咲き大輪系から選んでみてもよいでしょう。

＊上の写真/赤紫色のクレマチスは'ヴィル・ドゥ・リヨン'（P28）、淡いピンク色のバラは'ジュノー'。

バラと混植する際は、バラとクレマチスを30cmほど離し、根鉢の間にプラスチック板や波板などのブロッキング材を埋め込んでおく。

'流星'（インテグリフォリア系/P34）

'ロマンティカ'（遅咲き大輪系/P29）

Column

● つるバラと合わせる

[切る] の新枝咲きをセレクト

　つるバラとクレマチスを組み合わせる場合、同じフェンスや壁面に誘引することになります。クレマチスは地際まで切り戻せる「新枝咲き」を選び、冬はつるバラのつるだけを誘引すると、景色の骨格がつくりやすくなります。
【おすすめの組み合わせ】　クレマチス'ハッピー・ダイアナ' + バラ'バレリーナ'、クレマチス'白万重' + バラ'ピエール・ドゥ・ロンサール'など。テキセンシス系、ヴィオルナ系などと組み合わせると、バラエティに富んだ景色になります。

＊上の写真／ピンクと白のクレマチスは'踊場'（ヴィオルナ系／P33）、白いバラは'アルバ・メイディランド'。

'ハッピー・ダイアナ'（テキセンシス系／P33）

'踊場'（ヴィオルナ系／P33）

'アフロディーテ・エレガフミナ'（インテグリフォリア系／P35）

June
6月

基本 基本の作業
トライ 中級・上級者向けの作業

切る 切るクレマチス　切らない 切らないクレマチス

今月の主な作業

- 基本 花がら摘み（4〜10月）
- 基本 開花後の植えつけ、植え替え
- 基本 切る 開花後の剪定・1回目
- トライ 切らない つる数をふやす剪定
- トライ さし木（5〜7月）
- 基本 誘引（6〜11月）
- トライ つる伏せ（5〜6月）

6月のクレマチス

チューリップ形や壺型のテキセンシスが咲き始めます。また、5月に花後剪定をした 切る は、新しい開花枝を伸ばして二番花が咲き始めます。剪定したら追肥をし、肥料を切らさないようにします。

クレマチス・テキセンシス
C. texensis

［原種］開花期：5月中旬〜10月　花径：1.5〜2cm　つる長：3〜5m　分布地域：アメリカ・テキサス州

新枝咲きの 切る 。4弁の壺形で、外側が桃赤色、内側がクリーム色がかった黄色の花。次々に枝分かれしながら旺盛に伸び、開花枝を出して、花は下から順に咲き進む。

主な作業

基本 花がら摘み
　4月に準じます（55ページ参照）。

基本 開花後の植えつけ、植え替え
　4月に準じます（54ページ参照）。

基本 開花後の剪定・1回目
　新枝咲きは、59ページ下に準じて、6月中旬までに剪定を行います。

トライ 切らない つる数をふやす剪定（6月中旬までに）
　5月中旬に剪定し、6月中旬に5節以上伸びていたら、再度剪定するとつる数をふやすことができます（60ページ参照）。

トライ さし木
　5月に準じます（61ページ参照）。

基本 誘引（66ページ参照）

**こまめな誘引が
見栄えのよい景色をつくる**

　クレマチスを放置すると、葉柄が勝手気ままに絡みつきます。するとつるや葉が過密になる部分ができて、風通しが悪くなり、病害虫の発生につながります。誘引は見栄えだけではなく、

今月の管理

- ☀ 日なたに置く
- 💧 庭植え、鉢植えともに1〜2日に1回
- 🎲 5月までに施した追肥が切れるころに、再度追肥
- 🐛 アブラムシ、うどんこ病、赤渋病(さび病)、白絹病、立枯病など

クレマチスを健やかに育てるためにも不可欠です。

[切る] どんどん新しいつるを伸ばして花芽をつけます。フェンスなどにバランスよくつる配りし、誘引しましょう。

[切らない] 早咲き大輪系などは、再び開花することもあるので、見栄えよく誘引しましょう。旧枝咲きのタイプは、新しいつるが伸びても、当年中は咲きませんが、風通しが悪くならないように、誘引しましょう。

▶ トライ つる伏せ（69ページ参照）
成功率の高いふやし方

クレマチスのつる性という特徴を生かし、親株とつながったまま、新しくつくる株の発根を待てるので、さし木に比べてしおれにくい利点があります。前年、もしくは今年伸びた、堅くなったつるを利用します。ただし、テキセンシスやヴィオルナの原種は、つる伏せしてもつるから発根しないので、この方法でふやすことはできません。

管理

🔺 庭植えの場合

💧 **水やり：1〜2日に1回**
5月に準じます（57ページ参照）。

🎲 **肥料：5月に施した追肥に応じて施す**
3〜5月に施した肥料の効果が切れるなら、追肥します。

🐛 **病害虫の防除：アブラムシ、うどんこ病、赤渋病(さび病)、白絹病、立枯病など**
立枯病が発生することがあります（92ページ参照）。

🪴 鉢植えの場合

☀ **置き場：日なた**
梅雨に入ったら、雨を避けて軒下などに取り込みましょう。

💧 **水やり：1〜2日に1回**
雨でも鉢土の乾き具合は、しっかり確認しましょう。

🎲 **肥料：庭植えに準じる**
液体肥料を利用している場合は、月2回施します。

🐛 **病害虫の防除：庭植えに準じる**

誘引　適期＝6〜11月

誘引の基本

準備
1〜2日は水を与えず、乾かし気味にしておく。つるがぐったりして柔らかくなり、ほどきやすく、誘引しやすくなる。

ほどく
葉柄をしっかり持ち、左右に揺らしたり押し引きして、ゆるませる。

つるを配って留める
つるはできるだけ寝かせて、斜め上へ、一方向へ配る。ビニールタイを支柱やフェンスにしっかり固定してから、すき間をあけた輪にして、つるを支えるように留める。

オベリスクやポールに誘引する

オベリスクの下部は間隔を詰め、上部はゆったり気味に誘引していくとよい。

庭植えの場合
つるは必ず、オベリスクの外周に沿って巻き、内側にはくぐらせない。間隔はできるだけ均一にし、斜め上へ巻き上げていく。

鉢植えの場合
あんどん支柱を立て、支柱の外周に沿って、つるを巻いた例。つるの留め方は、左の❷を参照。

フェンスや壁面に誘引する

花つきがよく、丈夫で栽培しやすい品種がおすすめ。写真は 切る の'H・F・ヤング'。

フェンスの両わきに1株ずつ植え、両側から誘引していくと豪華な見栄えに。

庭植えの場合

おおよそつるが位置する箇所に、先にビニールタイを結びつけておく。つるを配るごとに、そのビニールタイを用い、株元から近いほうから順につるを留めていく。

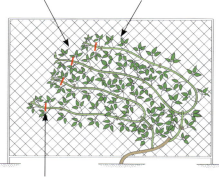

つるは重ならないように斜め上に誘引する

つるとつるの間隔は、10〜20cm程度を目安にする

枝先は枯れ込むことがあるので、誘引後に1芽分、切り戻しておく

葉と葉が重なり合うと風通しが悪くなるので、できるだけ重ならないようにしたい

つるが短く、フェンスや壁面に届かない場合は、株元に棒支柱などをさして、つるがフェンスなどに向かって伸びるように渡してやるとよい。

鉢植えの場合

鉢植えでもミニフェンスやトレリスを設置すれば、背景がつくれる。写真は、常緑性のフォステリー系クレマチス(84ページ参照)を用い、あえて花のない時期に寄せ植えの背景のグリーンとして用いた例。

基本 誘引

アーチに誘引する

[切る] ののびやかな遅咲き大輪系を用い、アーチを覆うように誘引した例。アーチの脚元は、バラや草丈のある草花で、さりげなくカバーしている。

庭植えの場合

つる長1〜2mのコンパクトな品種は、脚元に

斜め45度の角度を目安に、つるを横に倒しながら、S字を描くように誘引していく。つるは決してアーチの脚に巻きつけたり、内側に引き込まないこと。

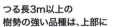

つる長3m以上の樹勢の強い品種は、上部に

樹勢が強く、つるがよく伸びる品種は、アーチの上部を覆うように誘引する。アーチの両側に違う品種を植えるとよい。

木立ち性クレマチスの誘引方法

葉柄を絡ませて伸びる一般的なクレマチスと違い、インテグリフォリア系のクレマチスには、つるが伸びない木立ち性が含まれます。アーチやフェンスの脚元を飾るのに、恰好の素材です。草丈が高くなる品種は倒伏しやすいので、株の周囲に支柱を立てて麻ひもなどで囲い、サポートしましょう。

ほかのつる植物とのコンビネーション

[切らない] は、つるを長く保持していくので、アーチ向き。花形、花色が違う植物を合わせると、立体的に見せることができる。また、開花期が違う植物を合わせると、花の絶えないアーチに。写真はロニセラ(ハニーサックル)と組み合わせた例。

トライ つる伏せ 適期＝5〜6月

① 親株のつるを別の鉢に伸ばして留める
用土（11ページ参照）を七〜八分目まで入れた鉢を親株の隣に置き、親株のつるを表土に促して、針金を曲げたピンをさして固定する。

② 固定した箇所を中心に用土を入れる
ピンで固定した箇所を中心に用土を入れ、つる2節分ぐらいを土に埋める。葉は埋めないように出しておく。

③ 親株の隣に置いたまま、管理する
つるが浮かないように表土を軽く押さえ、たっぷり水を与えて完成。

その後の管理
表土が乾いたら水やりをする。2〜3か月で発根するが、1年ほどはそのまま管理したのちに、親株とつながっているつるを切って、別の新たな株として育てる。

金子さんの クレマチス・ストーリー Ⅲ — Column

残したい、日本のクレマチス「カザグルマ」

多くのクレマチスの原種の花が500円玉サイズ程度なのに対し、カザグルマ（*Clematis patens*）は花径10cm以上にもなる大輪で、中国の野生種ラヌギノサ（*C. lanuginosa*）とともに、今日私たちがよく目にする大輪クレマチスの育種には、なくてはならない原種です。

また、カザグルマは地域によって非常に変異に富んでいて、花色は白から青までのバリエーションがあります。花形も、丸弁、剣弁、幅広弁など多彩で、なかには園芸品種と見まごう個体もあるほどです。そのため、盗掘も後を絶たず、また、近代の土地開発により自生地が減少しており、国内でもカザグルマが絶滅しないようにと、各地で保護・保全活動が盛んに行われるようになり、それはとてもうれしいことです。

千葉県船橋市の自生地のカザグルマ。市花に選ばれ、保護活動が行われている。

7月 July

今月の主な作業

- 基本 花がら摘み（4〜10月）
- 基本 誘引（6〜11月）
- トライ さし木（5〜7月）
- トライ 鉢上げ（7〜10月）
- トライ タネまき（7月下旬〜12月）

基本 基本の作業
トライ 中級・上級者向けの作業
切る 切るクレマチス　切らない 切らないクレマチス

7月のクレマチス

大輪系のクレマチスは二番花の最盛期。蕾の数が少なくなったら剪定して、三番花を咲かせてみましょう。タングチカのほか、クサボタンなど、夏ならではのクレマチスも咲き始めます。つるの誘引はこまめに作業を。

クレマチス・タングチカ
C. tangutica

[原種] 開花期：6月中旬〜10月　花径：3〜4cm　つる長：3〜4.5m　分布地域：中国南西部からチベット、カザフスタン北部まで

新旧両枝咲きの 切る 。和紙のような質感の黄花。前年の枝から新しいつるを旺盛に伸ばす。水はけと風通しがよく、夏に涼しい場所での管理がおすすめ。

主な作業

基本 花がら摘み
4月に準じます（55ページ参照）。

基本 誘引
6月に準じます（66ページ参照）。
なお、切る は8月中旬まで、切らない は1月まで、剪定は行いません。伸びたつるの誘引だけ行います。

トライ さし木
5月に準じます（61ページ参照）。

トライ さし木した株の鉢上げ
鉢底の穴から発根をチェック
さし木した株（61ページ参照）は、順調であれば約1か月ほどで発根し、2か月後には、根がポリポットの底穴からはみ出してくるほど、伸びてきます。このタイミングで、1株ずつ新しいポリポットや鉢に鉢上げします。

トライ タネまき
自分だけの花を咲かせてみよう
園芸品種のタネをとってまいても、遺伝の法則にならえば、親と同じ花は咲きません。あくまでも「自分だけの花を咲かせる楽しみ」として、挑戦してみましょう（73ページ参照）。

今月の管理

- ☀ 日なたに置く
- 💧 庭植えは1〜2日に1回。鉢植えは1日に1〜2回
- 💩 7月中旬までに肥料が切れるなら、再度追肥
- 🐛 ハダニ、うどんこ病、赤渋病(さび病)、白絹病、立枯病など

管理

🔺 庭植えの場合

💧 水やり：1〜2日に1回
表土に少したまるまで、株の周囲に静かに水やりしましょう。

💩 肥料：6月に施した追肥に応じて施す
7月中旬までに肥料が切れるものであれば、追肥をします。

🐛 病害虫の防除：ハダニ、うどんこ病、赤渋病(さび病)、白絹病、立枯病など
ハダニの発生が見られます。6月に準じます(65ページ参照)。

🪴 鉢植えの場合

☀ 置き場：日なた
6月に準じます(65ページ参照)。

💧 水やり：1日に1〜2回
午前中に水やりし午後に乾いていたら、夕方にもう1回、たっぷり水を与えましょう。

💩 肥料：庭植えに準じる
液体肥料を利用している場合は、月2回施します。

🐛 病害虫の防除：庭植えに準じる

トライ さし木した株の鉢上げ

適期＝7〜10月

発根したら鉢上げ適期
さし木から約2か月ほどたつと、鉢底の穴から発根して伸びた根が確認できるほどになる。根がはみ出してきたら、鉢上げする。

赤玉土大粒と用土で植えつける
ポリポットに鉢底ネットを敷き、赤玉土大粒を厚さ1.5cmほど入れる。11ページの用土を七〜八分目まで入れ、①の苗を植えつける。たっぷり水を与えて完了。

その後の管理

風当たりの強くない日なたに置き、表土が乾いたら水やりして管理する。新芽が伸び始めたら、規定倍率、もしくは規定倍率の2倍に希釈した液体肥料を施す。

August
8月

基本 基本の作業
トライ 中級・上級者向けの作業

切る 切るクレマチス　切らない 切らないクレマチス

今月の主な作業

- 基本 花がら摘み（4〜10月）
- 基本 誘引（6〜11月）
- トライ 切る 開花後の剪定・2回目
- トライ 鉢上げ（7〜10月）
- トライ タネまき（7月下旬〜12月）

8月のクレマチス

　夏ならではのクレマチスの最盛期。対する早咲き大輪系の一部など、やや暑さに弱い傾向にあるクレマチスは、生育をいったん休止させます。傷むこともあるので、できるだけ涼しい環境に整えましょう。

クサボタン
C. stans

［原種］開花期：8月中旬〜9月中旬　分布：北海道南部、本州。変種が四国、九州に分布

旧枝咲きの 切らない 。木立ち性で日本の固有種。ふつう雌雄異株。春から伸びた枝先に、薄紫色でベル形の小花が多数つく。花が咲いた位置から2〜3節下に冬芽ができ、翌年はそこから新しい枝が伸びる。

主な作業

基本 花がら摘み
　4月に準じます（55ページ参照）。

基本 剪定後の誘引
　6月に準じます（66ページ参照）。

トライ 切る 開花後の剪定・2回目（8月下旬〜9月上旬）
　59ページ③を参照して作業します。
　なお、 切らない は1月まで、剪定は行いません。

トライ さし木した株の鉢上げ
　7月に準じます（71ページ参照）。

トライ タネまき

発芽まで、土を乾かさない

　株を弱らせないためにも、花がらは摘み取るのが基本ですが、タネをまいて育てると、自分だけの花を観賞できる楽しみがあります。ただし、タネまきから発芽までは、1年ほどかかります。土を乾かさないように、しっかり管理することが大切です。

　また、園芸品種の場合、遺伝の法則で、タネから育てても親と同じ花は咲きません。どんな花が咲くか、楽しみにして育ててみましょう。

今月の管理

- ☀ 日なたに置く
- 💧 庭植えは1〜2日に1回。鉢植えは1日に1〜2回
- 🌱 緩効性化成肥料は施さない
- 🐛 ハダニ、うどんこ病、赤渋病（さび病）、白絹病、立枯病など

管理

🏠 庭植えの場合

💧 水やり：1〜2日に1回

朝、そして必要なら夕方にも、たっぷり水やりをしましょう。

🌱 肥料：緩効性化成肥料は施さない

代わりに活力剤を施し、暑さに対する抵抗力をアップさせると効果的です。

🐛 病害虫の防除：ハダニ、うどんこ病、赤渋病（さび病）、白絹病、立枯病など

6月に準じます（92ページ参照）。

🪴 鉢植えの場合

☀ 置き場：日なた

5月に準じます（57ページ参照）。

💧 水やり：1日に1〜2回

夕立があっても、鉢土の中まで雨はしみにくいので、土の湿り具合に応じて水を与えます。

🌱 肥料：液体肥料を月2回施し、活力剤も施す

緩効性化成肥料は施しません。庭植えに準じます。

🐛 病害虫の防除：庭植えに準じる

トライ タネまき

適期＝7月下旬〜12月

用意するもの

クレマチスのタネ、11ページの用土8と、水ゴケを細かくしたもの2の混合土、鉢底石、プラスチックの平鉢、土入れ、ラベル（親株名や日付を記入）

重ならないようにタネをまく

鉢底に鉢底石を敷き、タネまき用土を七〜八分目まで入れた上に、タネをまく。

乾かさないように管理

ラベルをさし、厚さ1cmほど用土を均一にかけ、たっぷり水やりする。直射日光の当たらない場所で、1年ほど乾かさないように管理する。

September
9月

今月の主な作業

- 基本 花がら摘み（4〜10月）
- 基本 誘引（6〜11月）
- トライ 切る 開花後の剪定・2回目
- トライ 鉢上げ（7〜10月）
- トライ タネまき（7月下旬〜12月）

基本 基本の作業
トライ 中級・上級者向けの作業
切る 切るクレマチス　切らない 切らないクレマチス

9月のクレマチス

暑さが一段落すると、大輪系は再び花を咲かせ始め、秋のクレマチスが次々に見られます。また、アーマンディーなどもつるを伸ばし始めますが、切らない は剪定しません。

センニンソウ
C. terniflora

［原種］開花期：8月中旬〜9月　分布：北海道南部、本州、四国、九州、南西諸島、台湾、中国中部、朝鮮半島南部

旧枝咲きの 切らない 。日本で最もよく見られる野生種。花は芳香性。開花枝の上部は枯れ、秋にその枝の下のほうから新しい枝が伸び始めて冬もゆるやかに成長する。春からは旺盛に伸び、夏の終わりに開花。

主な作業

基本 花がら摘み
　4月に準じます（55ページ参照）。

基本 誘引
　6月に準じます（66ページ参照）。

トライ 切る 開花後の剪定・2回目（8月下旬〜9月上旬）
秋に咲く花のための剪定
　9月上旬までに剪定します。59ページを参照します。
　なお、切らない は、1月まで剪定は行いません。

トライ さし木した株の鉢上げ
　7月に準じます（71ページ参照）。

トライ タネまき
　8月に準じます（73ページ参照）。

金子さんの
クレマチス・ストーリー Ⅳ

早春咲きのアーマンディーの生育がスタート

　アーマンディーとその園芸品種は、やや暑さに弱い傾向があるため、夏の間はほぼ成長を停止しています。そして暑さが弱まる9月中旬ぐらいから、

今月の管理

- ☀ 日なたに置く
- 💧 庭植えは1～2日に1回。鉢植えは1日に1～2回
- 🌱 9月中旬から、緩効性化成肥料を施す
- 🐛 ハダニ、うどんこ病、赤渋病（さび病）、白絹病、立枯病（9月中旬まで）など

管理

🔼 庭植えの場合

💧 水やり：1～2日に1回（9月中旬まで）

9月中旬を過ぎると気温が落ち着いてくるので、様子を見ながら「乾いてから1～2日後」の水やりに戻していきます。

🌱 肥料：緩効性化成肥料を施す（9月中旬から）

9月中旬を過ぎ、気温が落ち着いてきたら、緩効性化成肥料を施します。なお、引き続き活力剤を施すと、暑さによる疲れを軽減する効果があります。

🐛 病害虫の防除：ハダニ、うどんこ病、赤渋病（さび病）、白絹病、立枯病（9月中旬まで）など

6月に準じます（92ページ参照）。

ゆるやかに成長を再開します。

つるが伸びてきても、切り戻しません。つるが邪魔なら、フェンスやトレリスの下部に寄せて誘引しておきましょう。

秋の成長が始まったら、肥料を忘れずに追肥しておきましょう。

○ その他：台風対策。不織布などで覆う

フェンスやアーチなどに誘引しているクレマチスは、つるをしっかり固定し、不織布や寒冷紗などで全体を覆って傷みを最小限に食い止めましょう。構造物自体が倒伏しないように、添え木を追加したりして、しっかり固定しておくことも大切です。

なお、台風が通り過ぎたら全体にシャワーをかけ、汚れや雑菌、塩分を洗い流しておきましょう。

🪴 鉢植えの場合

☀ 置き場：日なた

8月に準じます（73ページ参照）。

💧 水やり：1日に1～2回

8月に準じます（73ページ参照）。

🌱 肥料：液体肥料を月2回施し、活力剤も施す

8月に準じます（73ページ参照）。

🐛 病害虫の防除：庭植えに準じる

○ その他：台風対策。室内へ取り込む

鉢植えのクレマチスは、できるだけ室内へ取り込みます。難しい場合は、軒下やベランダなどで、あらかじめ鉢ごと倒しておきます。ほか、庭植えに準じます。

October 10月

今月の主な作業
- 基本 花がら摘み（4～10月）
- 基本 誘引（6～11月）
- 基本 剪定は行わない
- トライ 鉢上げ（7～10月）
- トライ タネまき（7月下旬～12月）

基本 基本の作業
トライ 中級・上級者向けの作業
切る 切るクレマチス　切らない 切らないクレマチス

10月のクレマチス

秋のクレマチスシーズンの最盛期です。咲き終わった花がらは早めに摘み取って、冬越しに備えていきましょう。この時期に流通する苗は、寒さがくる前に栽培がスタートできる利点があります。

O.Miikeda

タカネハンショウヅル
C. lasiandra

［原種］開花期：9月中旬～10月　分布：本州の近畿以西、四国、九州、台湾、中国中部

旧枝咲きの 切らない 。西日本の丘陵地や低山の湿潤な場所に分布する。今年伸びた枝の上部に花を咲かせる。ハンショウヅルに似るが、花芽や葉のつき方が異なる。土に触れたつるから発根しやすい。

主な作業

基本 花がら摘み
開花期最後の花がら摘み

ほぼ今月内で、当年の開花期は終わります。タネを観賞したりとったりしないかぎり、花がらを摘みましょう。作業は4月に準じます（55ページ参照）。

基本 誘引
引き続き、こまめに誘引する

気温があるうちは引き続き、切る 切らない ともに、伸びたつるをこまめに誘引しましょう。作業は6月に準じます（66ページ参照）。

基本 剪定は行わない

切る 切らない ともに、1月まで剪定は行いません。

トライ さし木した株の鉢上げ
さし木株を1本立ちさせる

さし木した株の根が伸びてきています。気温があるうちに鉢上げし、冬越しに備えましょう。水やり代わりに活力剤を施すと、効果的です。作業は7月に準じます（71ページ参照）。

トライ タネまき

8月に準じます（73ページ参照）。

今月の管理

- ☀ 日なたに置く
- 💧 庭植えは乾いてから1〜2日後。鉢植えは1〜2日に1回
- ✿ 緩効性化成肥料か液体肥料を施す
- 🐛 うどんこ病、赤渋病（さび病）、白絹病など

管理

🌱 庭植えの場合

💧 水やり：乾いてから1〜2日後に1回（10月下旬まで）

「乾いてから1〜2日後」に戻します。

✿ 肥料：カリ分の肥料で抵抗力をアップ（10月下旬まで）

冬越しに備えて抵抗力をアップさせるために、カリ分に富んだ液体肥料（＊1）を追加してもよいでしょう。

🐛 病害虫の防除：うどんこ病、赤渋病（さび病）、白絹病など

6月に準じます（92ページ参照）。

🪴 鉢植えの場合

☀ 置き場：日なた

9月に準じます（75ページ参照）。

💧 水やり：1〜2日に1回

乾き具合を見ながら、1〜2日に1回、水やりをしましょう。

✿ 肥料：緩効性化成肥料を1回、もしくは液体肥料を月2回

🐛 病害虫の防除：庭植えに準じる

＊1 N-P-K=4-6-7、6.5-6-19など、カリ分の多い液体肥料など。

Column

金子さんの
クレマチス・ストーリー Ⅴ

クレマチス栽培は、秋スタートの新提案

クレマチスの株の入手時期は、早春から初夏にかけてが一般的です。しかし、近年は、秋に入手して栽培をスタートさせるケースも見受けられるようになりました。

じつは、早春に店頭に並ぶ株と、前年の晩秋に並ぶ株は、生産現場では同じ年生株です。前年の晩秋に早々に入手して植えつけてしまえば、休眠に入る前にまだ根を伸ばすことができ、春からの生育がよりスムーズに始められるというわけです。

ただし、植え替え時期がまだ生育期間中のため、根をていねいに取り扱うように注意しましょう。

秋に入手して早々に植えつけや植え替えを行い、根を張らせてから休眠させる。

November
11月

基本 基本の作業
トライ 中級・上級者向けの作業
切る 切るクレマチス　切らない 切らないクレマチス

今月の主な作業

- 基本 誘引（6～11月）
- 基本 切る 切らない ともに剪定は行わない
- トライ タネまき（7月下旬～12月）
- トライ 株分け（11月下旬～2月）
- トライ 防寒対策

11月のクレマチス

繰り返し咲く大輪系のクレマチスは休眠に入り、冬咲きの種類の筆頭として、シルホサが咲き始めます。短く切り戻した 切る は、株元に腐葉土などをかぶせて防寒をします。

クレマチス・シルホサ
C. cirrhosa

［原種］開花期：10月中旬～5月　花径：1.5～2.5cm　つる長：2～3m　分布地域：地中海沿岸地域から小アジア（P88も参照）

旧枝咲きの 切らない 。原種は、シルホサ系の品種より少し早く開花する。花は和紙のように繊細な白色で、鈴なりに花をつける。冬は葉が銅色に染まり美しい。

主な作業

基本 誘引

つるが伸びるかぎり、誘引を続ける

まだ成長を続け伸びるつるがあれば、誘引しておきます。作業は6月に準じます（66ページ参照）。

基本 剪定は行わない

切る 切らない ともに、1月まで剪定は行いません。

トライ タネまき

当年中、最後の花でタネまきを

8月に準じます（73ページ参照）。

トライ 株分け

株の大きさをコントロールする

切る 楽に移動できる鉢サイズに抑えるためには株分けが有効です。

切らない も同様に株分けできますが、花芽や蕾がついている時期なので、株分けするなら花は諦めることになります。

トライ 防寒対策（45ページ参照）

つるや新芽を寒さから守る

11月下旬ぐらいから、夜間のみ、不織布や寒冷紗をかけて防寒します。鉢植えのものは、軒下などに移動させましょう。ほか、1月に準じます。

今月の管理

- ☀ 日なたに置く
- 💧 庭植えは月2～3回、鉢植えは1～2日に1回
- 🌱 液体肥料を月2回
- 🐛 うどんこ病など

管理

🔼 庭植えの場合

💧 **水やり：月2～3回**

気温が下がってくると、庭土はそれほど乾かなくなります。ただし、乾かしすぎないように、月2～3回を目安に水を与えます。

🌱 **肥料：液体肥料を施す**

緩効性化成肥料は施しません。肥料の効果が早く切れる液体肥料は、11月下旬まで、月2回施します。

🐛 **病害虫の防除：うどんこ病など**

10月に準じます（92ページ参照）。

🪴 鉢植えの場合

☀ **置き場：日なた**

鉢は、軒下など、寒風が当たらない日だまりを選んで置きましょう。

💧 **水やり：1～2日に1回**

鉢土の乾き具合を見ながら、1～2日に1回、水やりをしましょう。乾かしすぎに注意します。

🌱 **肥料：庭植えに準じる**

🐛 **病害虫の防除：庭植えに準じる**

トライ 株分け

適期＝11月下旬～2月

① 根鉢の土を落として根を分ける

芽を切り落とさない位置まで、つるを切り戻す。根鉢の土を落とし、さらに完全に洗い流す。根のつながった箇所は、ハサミで切り分ける。

② 分けた株を植えつける

11ページの用土で、分けた株をそれぞれ植えつける。たっぷり水やりをして完成。

その後の管理

直射日光を避け、表土が乾いたら水やりをして管理する。新芽が伸び始めたら、規定倍率、もしくは規定倍率の2倍に希釈した液体肥料を施す。

December
12月

基本 基本の作業
トライ 中級・上級者向けの作業
切る 切るクレマチス　切らない 切らないクレマチス

今月の主な作業

- 基本 切る 切らない ともに剪定は行わない
- トライ タネまき（7月下旬〜12月）
- トライ 株分け（11月下旬〜2月）
- トライ 防寒対策

12月のクレマチス

　シルホサに続いて、その園芸品種が咲き始めるころ、常緑性のアンスンエンシスが開花期を迎えて冬の庭を静かに彩ります。霜柱で株が押し上げられたり、地際から出る芽が傷まないよう、株元を腐葉土などで覆いましょう。

クレマチス・アンスンエンシス
C. anshunensis

［原種］開花期：12月〜2月中旬　花径：3〜4cm　つる長：3〜4m　分布地域：中国（P86も参照）

旧枝咲きの 切らない 。つるを伸ばしながら、節々に数個ずつ花を咲かせる。常緑性で葉は夏でも緑を保つが、生育不良や病害虫の影響で、ときに落葉することもある。

主な作業

基本 剪定は行わない

　切る 切らない ともに、1月まで剪定は行いません。

トライ タネまき

タネまきは今月中に

　つるや葉が枯れても、残ったタネをまくなら今月中に。作業は8月に準じます（73ページ参照）。

トライ 株分け

分けた株を、予備株に

　休眠に入るこの時期なら、株分けの適期です。新枝咲きの品種なら、特に株分けに向いています。作業は11月に準じます（79ページ参照）。

トライ 防寒対策

株元を腐葉土などでカバー

　霜柱で株元の新芽が傷んだり、根鉢が浮いて乾くことがないように、株元を腐葉土などで覆いましょう。作業は1月に準じます（45ページ参照）。

今月の管理

- ☼ 日なたに置く。寒さに弱いものは、防寒を施す
- 💧 庭植えは月2〜3回、鉢植えは乾いてから2〜3日後
- 🟫 寒肥を施す(中旬から)
- 🐛 特に発生しない

管理

🔼 庭植えの場合

💧 水やり:月2〜3回
庭土はそれほど乾きませんが、雨が少ない時期になります。乾かしすぎないように、月2〜3回を目安に水を与えます。

🟫 肥料:寒肥
12月中旬になったら、春からの成長を支える有機質肥料を、寒肥として施しましょう。作業は1月に準じます(45ページ参照)。

🐛 病害虫の防除:特に発生しない
1月に準じます(43ページ参照)。

🪴 鉢植えの場合

☼ 置き場:日なた
鉢は、寒風を避けられる軒下の日だまりなどに置きましょう。

💧 水やり:乾いてから2〜3日後
鉢土も乾きにくくなります。ただし、乾きすぎないように、乾いてから2〜3日後に水やりをしましょう。

🟫 肥料:庭植えに準じる
🐛 病害虫の防除:庭植えに準じる

金子さんの
クレマチス・ストーリー Ⅵ

Column

冬のガーデンクレマチス

「今月のクレマチス」のコーナーで取り上げたように、クレマチスの仲間には、冬の庭を静かに彩ってくれる種類があります。それがC. シルホサやC. アンスンエンシスなどです。

シルホサとその園芸品種は、スカートのような小花をふわっと下向きに咲かせます。白とえんじ色の温かみのある色彩が、冬にはうれしい存在。多くのクレマチスが最盛期を迎える初夏には、ひっそりと落葉して休眠します。

アンスンエンシスは白花しかありませんが、フェルトのような花は、ほかのクレマチスにはない質感です。フェンスや軒先に誘引すると、まるでガーランド(花綱飾り)のよう。こちらは常緑性なので、エバーグリーンのみずみずしさも魅力的です。

シルホサは88ページ、アンスンエンシスは86ページで、栽培方法を個別に紹介しています。花の少ない季節こそ映える個性派クレマチスにも、ぜひ注目してみてください。

金子さんの **クレマチス・ストーリー** Ⅶ

注目したい日本のクレマチス

　多くはカザグルマの血を引くクレマチスの数々の園芸品種が、ヨーロッパから日本へ里帰りしたのは大正時代になってから。それから約100年を経た現在、日本で育種された品種は世界でも注目されるようになりました。

　多くの品種に、繊細な花色と整った花形、節間が短く比較的コンパクトにまとまる草姿、そして高温多湿の気候下でも健全に生育する耐病性と連続開花性など、日本の育種ならではの特徴が見られます。ここでは本書でも取り上げた品種の生みの親である育種家と、代表作を紹介します。

● 日本のクレマチス育種家と近年の代表品種

小澤一薫（かずしげ）さん
神奈川県生まれ、2003年没。世界的に知られる、日本のクレマチス育種家。'籠口''踊場'など、残した名品種は多数。

'這沢'
1997年作出（P34）

早川 廣さん
1948年愛知県生まれ。クレマチス育種の草分け的存在。時代を反映した作風が見事。

'面白'
1988年作出（P39）

杉本公造さん
1939年愛知県生まれ。クレマチス育種歴は半世紀を超える。これまで世に出してきた品種数は70以上にのぼる。

'天使の首飾り'
2006年作出（P34）

及川辰幸さん、洋磨さん
辰幸さんは1952年、洋磨さんは1979年、ともに岩手県生まれ。親子二代で育種に励む。木立ち性品種など、庭での使い方なども提案。

'流星'
2015年作出（P34）

廣田哲也さん
1947年大分県生まれ。個性的な品種を生み出している個人育種家。中輪、多花性の品種は、扱いやすいと好評。

'千の風'
2004年作出（P40）

関口雄二さん
1985年群馬県生まれ。先鋭の若手育種家。ヴィオルナ系の耐病性品種など、キャッチーな作風に期待したい。

'琴子'
2016年作出（P33）

クレマチスを
さらに詳しく

例外的な生育サイクルをもつ種類の作業と管理、
主な病害虫とその対策に加え、
よく聞かれる疑問にお答えします。

カートマニー'ジョー'

ニュージーランド原産のフォステリー系。
開花期は3〜4月。36ページ参照。

Clematis

NP-H.Imai

例外的な生育サイクルをもつクレマチス3種

その1・フォステリー系

Clematis Forsteri Group
[切らないクレマチス]

＊36、50ページもご覧ください。

主な作業

基本 植え替え（7〜8月を除く）
乾き気味の環境を好むので、水はけのよい用土を使い、鉢植えで育てます。

基本 花後の剪定（4〜5月）
剪定は開花期の終わりから、花後すぐに行います。

基本 夏越し（6月中旬〜9月中旬）
風通しのよい日なたに置きます。葉が黄色くなるなら、日中だけ明るい日陰に鉢を移動させます。7〜8月は緩効性化成肥料は施さず、9月中旬以降に再開します。

管理

置き場（鉢植え）：半日以上、日が当たる軒下などに置き、基本的に雨に当てない。

水やり（鉢植え）：乾いたら水やり。11〜2月は、やや乾かし気味に管理すると、花芽の成長が促される。

肥料：7〜8月を除き、リン酸分の多い緩効性化成肥料を1〜2か月に1回。9月中旬〜11月には、液体肥料も月2回施す。

病害虫の防除：アブラムシ（3月中旬〜6月）、ハダニ（6〜9月）

基本 植え替え

適期＝7〜8月を除いた時期（最適期は4〜5月）

1 根鉢の底だけほぐす
ポットから抜いた根鉢の底を軽くほぐす。

2 フォステリー系向き用土*¹で植える
用土を3分の1ほど入れた鉢に植えつける。株元からつるが伸びていれば、根鉢と表土の高さを合わせて植え、埋めないように注意する。

＊1 フォステリー系向き用土：赤玉土小・中粒4、鹿沼土小・中粒3、腐葉土3をブレンドし、リン酸分の多い緩効性化成肥料を、規定量混ぜる

例外的なクレマチス3種

四季咲き、一季咲きともに、多くのクレマチスが春から初夏に咲き始めるのに対し、いくつかの種類は、それから外れた時期に開花します。
そのため休眠期や剪定の時期も少々違うので、改めてこのページにて解説します。
いずれも［切らないクレマチス］です。

フォステリー系の年間の作業・管理暦

	1	2	3	4	5	6	7	8	9	10	11	12
生育状態	生育											
			開花									
主な作業			花がら摘み									
				剪定								
			誘引									
			植え替え									
				さし木								
置き場（鉢植え）	戸外の日なた											
水やり（鉢植え）	乾いてから2〜3日後				1〜2日に1回				乾いてから1〜2日後			
			2〜3日に1回			1日に1〜2回				乾いてから2〜3日後		
肥料	緩効性化成肥料（*2）				緩効性化成肥料（*2）				緩効性化成肥料（*2）			
									規定倍率の液体肥料を月2回			
			規定倍率の液体肥料を月2回		規定倍率の1.5〜2倍の液体肥料を月2回							
病害虫			アブラムシ					ハダニ				

*2 N-P-K=6-40-6、11-11-7、10-18-7など。　　　　　　　　　　＊関東地方以西基準

基本 花後の剪定　適期＝4〜5月

1 切り戻す
花が咲いた節からは新芽は伸びてこないので、花が咲いた節より下の節間で切り戻す。

2 つるが伸びても切らない
約1か月後、切った位置の下の節から、新芽が伸びてつるになる。剪定後に伸びてきたつるの節に、来春に咲く花芽がつくので、つるは大切に育て、以降は剪定しない。

その2・クレマチス・アンスンエンシス

Clematis anshunensis
［切らないクレマチス］

＊80ページもご覧ください。

主な作業

基本 植え替え（鉢植えの場合。1〜6月、9月下旬〜12月）
［鉢植えの場合］成長が旺盛なアンスンエンシスは、根詰まりしやすいので、1〜2年に1回、一般的なクレマチス向きの用土（11ページ参照）で、一〜二回りほど大きな鉢に植え替えます。
［庭植えの場合］クレマチスは移植を嫌うので、植え替えは避けます。植え場所は、よく考えて決めましょう。

基本 花がら摘み（12月下旬〜2月）
花がら摘みを行えば、基本的に剪定は不要です。

トライ 大きくなりすぎたときの剪定（6月）
アンスンエンシスは、花後から夏までは、つるをよく伸ばします。株を小さくするには、6月に葉のあるところでバッサリ切り戻しましょう。

基本 夏越し（6月中旬〜9月中旬）
風通しのよい日なたに置きます。水切れさせると葉を落とすことがあるので注意しましょう。

管理

置き場：日なた。やや寒さに弱いので、冬は、鉢植えなら軒下に置く。庭植えは、寒風が当たらない場所に植え、霜が強く降りる時期の夜間は、不織布などをかけて防寒するとよい。

水やり：庭植えは乾かしすぎない。鉢植えは乾いたら水やり。

肥料：成長期の10月中旬〜5月は、リン酸分の多い緩効性化成肥料を、1〜2か月に1回施す。秋はリン酸分の多い液体肥料も月2〜3回施す。

病害虫の防除：アブラムシ（3月中旬〜6月）、ハダニ（6〜9月）

基本 花がら摘み

適期＝12月下旬〜2月

花がらは、花首でカットして取り除いておく。

例外的なクレマチス3種

クレマチス・アンスンエンシスの年間の作業・管理暦

	1	2	3	4	5	6	7	8	9	10	11	12
生育状態	生育										開花	
		開花										
主な作業			花がら摘み								花がら摘み	
	誘引					大きくなりすぎたときの剪定						
			植え替え					植え替え				
	さし木（室内で管理）									さし木（室内で管理）		
置き場（庭植え）		戸外の日なた										
置き場（鉢植え）		戸外の日なた										
水やり（庭植え）	月2〜3回						1〜2日に1回				月2〜3回	
			乾いてから1〜2日後					乾いてから1〜2日後				
水やり（鉢植え）	乾いてから2〜3日後				1〜2に1回				乾いてから1〜2日後に1回			
			2〜3日に1回				1日に1〜2回					
肥料	緩効性化成肥料（*1）							緩効性化成肥料（*1）				
	規定倍率の液体肥料を月2〜3回							規定倍率の液体肥料を月2〜3回				
病害虫				アブラムシ						ハダニ		

*1 N-P-K=6-40-6、11-11-7、10-18-7など。　　　　　　　　　　＊関東地方以西基準

トライ 大きくなりすぎたときの剪定　適期＝6月

基本的には切らなくてよいが、植え場所に合った大きさを維持するには、6月につるを半分ぐらいの長さで切り戻す。6月以降に剪定すると、その冬は花が見られなくなるので剪定しない。

Other Types

その3・シルホサ系

Clematis Cirrhosa Group
[切らないクレマチス]

* 46、78ページもご覧ください。

主な作業

基本 花がら摘み（10月下旬〜5月）
シルホサ系の開花期は、10月中旬〜5月中旬まで続きますが、一斉に満開になる様子を見られるのは晩秋です。その後は冬を越し、初夏までちらちらと咲き続けます。花がらはこまめに摘み取って、株の疲労を防ぎましょう。

基本 花後の剪定（2〜3月）
84〜85ページで紹介したフォステリー系とは違い、シルホサ系は、花が咲いた節から新しいつるが伸びて、夏越し後に翌年の花芽をつけます。よって、花が咲いた節より下まで短く切り戻さずに、その節から伸びたつるを2分の1程度、剪定します。

基本 夏越し（6月〜9月中旬）
6月までにしっかり追肥し、花後の剪定で切ったつるを充実させておきましょう。その後、落葉しても休眠に入ったからで、枯れたわけではありません。つるを切ったり、株を廃棄しないようにしましょう。夏越し中も水やりを忘れずに行ってください。

管理

置き場：日なた。
水やり：庭植えは乾かしすぎない。鉢植えは乾いたら水やり。
肥料：成長期の9〜6月は、リン酸分の多い緩効性化成肥料を1〜2か月に1回施す。秋はリン酸分の多い液体肥料も月2〜3回施す。

開花中から休眠するまで、しっかり株を充実させるために追肥をする。規定量の固形の緩効性化成肥料（*1）を鉢縁近くの表土に押し込む。

病害虫の防除：アブラムシ（3月中旬〜6月）、赤渋病（さび病。3月〜5月中旬）

基本 花がら摘み

適期＝10月下旬〜5月

シルホサ系の花は、結実すると刷毛のような形になる。切らずに楽しんでもよいが、花後剪定を兼ねるなら、花首から切っておく。

*1 N-P-K=12-12-12、8-8-8-などの錠剤型、もしくは玉状。

例外的なクレマチス3種

シルホサ系の年間の作業・管理暦

	1	2	3	4	5	6	7	8	9	10	11	12
生育状態	生育					休眠			生育			
					開花					開花		
主な作業					花がら摘み				花がら摘み			
	誘引		剪定						誘引			
						植え替え		植え替え				
		さし木（室内で管理）							さし木（室内で管理）			
置き場（庭植え）		戸外の日なた										
置き場（鉢植え）		戸外の日なた										
水やり（庭植え）	乾いてから2〜3日後				1〜2日に1回				乾いてから1〜2日後に1回			
			2〜3日に1回				1日に1〜2回					
水やり（鉢植え）	乾いてから2〜3日後				1〜2日に1回				乾いてから1〜2日後に1回			
			2〜3日に1回				1日に1〜2回					
肥料	緩効性化成肥料（＊1）								緩効性化成肥料（＊1）			
		規定倍率の液体肥料を月2〜3回							規定倍率の液体肥料を月2〜3回			
病害虫				アブラムシ								
						赤渋病（さび病）						

＊関東地方以西基準

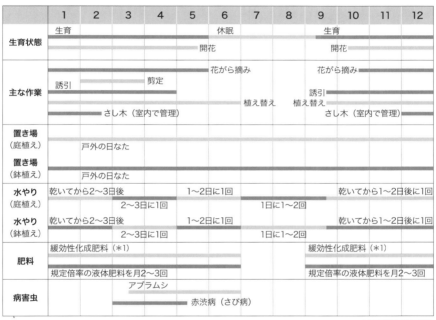

基本 花後の剪定

適期＝2〜3月

開花以降に伸びたつるは、半分ぐらいの長さに切っておく。迷ったときは、つる先だけカットすればOK。

クレマチスの病害虫防除

センチュウ類（ネマトーダ）

[発生時期] 3〜10月（1年目）
[被害] 置き場の環境や管理に問題がないのに生育が悪かったり、枝や葉には異常がないのに下葉から枯れてくる。根をチェックして変色腐敗している場合はネグサレセンチュウ、根に無数の小さなこぶができていたら、ネコブセンチュウの被害（写真）。体長1mm以下で、肉眼では見えない。
[対策] 土に堆肥を入れて土壌改良すると、被害が軽減できる。アフリカンマリーゴールドの混植は、ネグサレセンチュウのみに有効。鉢植えでは、清潔な新しい用土を使用することが大切。被害が小さいうちは、土を取り除き、土壌改良をしたり、新しい土で植え直すと、回復する可能性がある。

ネコブセンチュウの被害にあったクレマチスの根。

アブラムシ類

[発生時期] 3月中旬〜6月
[被害] アブラムシは群生した状態で発見することが多い。体長2〜3mmと小さく、群生して植物の養分を吸汁し、生育を悪化させる。
[対策] 風に乗って広がるため、完全な予防は困難。テントウムシ、クサカゲロウ、ヒラタアブなどの天敵を見つけたら大切にする。繁殖旺盛なため、長期間効果が持続するオルトランDX粒剤、家庭園芸用GFオルトラン水和剤などの浸透移行性の薬剤で防除する。

ヨトウガ類の幼虫

[発生時期] 4〜11月（不規則に発生）
[被害] ヨトウガ類の幼虫の被害が目立つ。
[対策] 葉裏に産みつけられた卵を除去する。ヨトウガ類の幼虫は、夜間に探して捕殺する。薬剤ではオルトランDX粒剤、家庭園芸用GFオルトラン水和剤などで防除。なお、老齢幼虫には薬剤の効果が出にくいので、若齢幼虫を防除する。

クレマチスの病害虫防除

クレマチスの栽培中に、
発生が多く見られる病害虫と
その対策を解説します。

＊薬剤の適用情報は 2017 年 3 月現在

赤渋病（さび病）

コガネムシ類

[発生時期] 周年。成虫は 5 〜 8 月
[被害状況] 幼虫は根を、成虫は葉を食害する。
[対策] 成虫は飛来時に捕殺。植え替え時に根と用土を調べ、幼虫がいたら捕殺。

ハダニ類

[発生時期] 6 〜 9 月
[被害] 葉裏に寄生して葉緑素も吸汁するため、葉表面が白くなり、株の生育が著しく悪くなる。
[対策] 水分を嫌うので葉裏への散水が有効だが、葉が湿っている時間が長いと病気に感染しやすくなるため、晴天時に行うこと。ただし、卵はそのまま残るので、再び繁殖する。ベニカマイルドスプレー、粘着くん液剤などで防除。

ナメクジ類

[発生時期] 周年。梅雨どきに多い
[被害状況] 花や新芽を食害。付近に透明で、乾くと白い粘液が付着する。
[対策] 夜行性なので、日中は鉢底など物陰を探す。夜間は懐中電灯で植物の周囲を照らして探し、見つけしだい、捕殺。ナメナイトなどの誘殺剤を利用して防除する。

赤渋病（さび病）

[発生時期] 4 〜 10 月
[被害状況] さび病の一種。葉の表面に少しふくらんだ黄色の斑点が生じ、葉裏には赤褐色の胞子のようなものが付着して、次第に葉が変形し枯れる（上の写真）。この病原菌は宿主を替える性質をもち、春から夏はクレマチスに寄生し、飛散した胞子がアカマツで越冬。春に再び、クレマチスに胞子がつき、感染。
[対策] 胞子は数 km 先まで飛散するので、一次寄主を取り除くことは不可能。また、家庭園芸用で適用のある薬剤はないので、環境を整えて防除する。例えばチッ素分過多だと、株が軟弱に育って発病を助長するため、肥料成分バランスのよい肥料を施す。雨が続くと湿度が高く、感染しやすいので、風通しをよくする。また、病気で落葉した葉は放置せず、集めて処分する。

うどんこ病

[発生時期] 4〜11月
[被害状況] 新葉やつるが、粉を吹いたように白くなる。比較的低温で、乾燥した環境で発生しやすい。
[対策] 乾燥した環境で株が軟弱だと被害を受けやすいので、日常の栽培管理に注意する。発生初期にベニカXファインスプレー、ベニカグリーンVスプレー、パンチョTF顆粒水和剤、ヒットゴール液剤AL、サンヨール液剤ALなどで防除する。

白絹病

[発生時期] 5〜10月
[被害] 生育が悪くなり、下葉がしおれて黄変する症状が現れ、地際部に白い絹糸のようなものがまとわりつくのが特徴。被害が激しいと、一気に黄変して枯死することもある。白い菌糸の周辺は、やがて茶色や黒褐色の球形の菌核が広がり、翌年の発生源になる。
[対策] 酸性土壌で発生しやすいため、苦土石灰の散布で土壌酸度を調整して予防する。株元が常に湿っている状態で伝染するので、土壌の水はけを改良すること。家庭園芸用で適用のある薬剤は市販されていないため、感染した植物は周辺の土ごと取り除く。

立枯病

[発生時期] 6月〜9月中旬
[被害状況] 枝が茶色や黒褐色に変色し、被害箇所より上部が立ち枯れ状態になる。さし木のさし床で発生すると、苗の地際部分が腐敗して、隣接株に感染して広がる。
[対策] 病原菌は傷口から侵入したり、葉に感染して広がるので、つるや葉は傷つかないようにしっかり誘引しておく。風通しをよくして過湿を避けて予防する。

　被害にあった箇所は、つるの基部から切り取って除去する。さし床で発病した際、株の容器は廃棄する。サンケイオーソサイド水和剤80などで防除する。